数据库原理与设计实验教程
MySQL版

主编 柳玲 徐玲 周魏

重庆大学出版社

内容提要

本书以当前流行的数据库管理系统 MySQL 和数据库建模工具 PowerDesigner16.5 为操作平台,精心组织设计了 13 个上机实验,具体包括 MySQL 的安装、数据库基本操作、表的基本操作、数据操作、数据查询、数据完整性控制、索引、视图、数据库安全性控制、存储过程和函数、事务和锁,应用 PowerDesigner 进行数据库建模、Java 通过 JDBC 连接数据库。本书实验目的明确,实验步骤清晰,可操作性强,知识点编排循序渐进、由浅入深,使读者能够有效地将理论应用到实践当中,便于对数据库理论知识进行巩固。每个实验后均配有适量习题,便于学生课后练习。

本书可作为高等院校软件工程专业、计算机相关专业本科生的数据库课程上机实验的教学用书,也可以作为数据库管理人员及数据库应用系统开发人员的参考用书。

图书在版编目(CIP)数据

数据库原理与设计实验教程:MySQL 版 / 柳玲,徐玲,周魏主编 . -- 重庆:重庆大学出版社,2023.6
ISBN 978-7-5689-3911-9

Ⅰ.①数… Ⅱ.①柳… ②徐… ③周… Ⅲ.①关系数据库系统—教材 Ⅳ.①TP311.132.3

中国国家版本馆 CIP 数据核字(2023)第 093672 号

数据库原理与设计实验教程(MySQL 版)
SHUJUKU YUANLI YU SHEJI SHIYAN JIAOCHENG(MySQL BAN)
主 编 柳 玲 徐 玲 周 魏
策划编辑:范 琪

责任编辑:付 勇 版式设计:范 琪
责任校对:邹 忌 责任印制:张 策

*

重庆大学出版社出版发行
出版人:饶帮华
社址:重庆市沙坪坝区大学城西路 21 号
邮编:401331
电话:(023)88617190 88617185(中小学)
传真:(023)88617186 88617166
网址:http://www.cqup.com.cn
邮箱:fxk@ cqup.com.cn(营销中心)
全国新华书店经销
重庆长虹印务有限公司印刷

*

开本:787mm×1092mm 1/16 印张:17.5 字数:428 千
2023 年 6 月第 1 版 2023 年 6 月第 1 次印刷
印数:1—2 000
ISBN 978-7-5689-3911-9 定价:59.00 元

前言
Foreword

数据库原理与设计课程作为软件工程专业和计算机科学技术专业的一门重要专业必修课程,在整个专业课程体系中起着承上启下、融会贯通的作用,是学生参加项目实践、毕业设计、软件开发和工作就业的重要的专业理论和实践基础,对提高本科学生的软件开发能力起着非常关键的作用。

数据库原理与设计课程是一门理论和实践并重的学科,很多学校都设置了相应的实验和课程设计环节,但经常由于实验教材匮乏,造成学生对实验目的、内容和步骤了解不够,从而导致实验效果不佳。基于此,我们编写了这本上机实验指导教程。本书以当前流行的关系数据库管理系统MySQL和数据库建模工具PowerDesigner16.5为操作平台,围绕案例精心设计了13个上机实验,引导学生由浅入深、由点到面逐步掌握数据库技术理论知识,并能结合实际问题开发数据库应用系统,提高学生综合实践与创新能力。

本书内容循序渐进、深入浅出、全面连贯,共有13个上机实验,实验1学习如何安装MySQL;实验2学习数据库的创建、备份、还原和删除等基本操作;实验3学习表的创建和删除、表结构的修改等基本操作;实验4学习表中数据的输入、更新和删除等操作;实验5学习数据的多种查询方式;实验6学习如何保证数据的实体完整性、参照完整性、用户定义的完整性和创建触发器;实验7学习索引的创建、测试和管理;实验8学习视图的创建、使用、修改和删除;实验9学习如何保证数据库安全性;实验10学习存储过程和用户自定义函数的创建、修改和执行;实验11学习数据库事务的设计和执行,掌握隔离级别和锁;实验12学习应用PowerDesigner进行数据库建模;实验13学习Java如何通过JDBC连接数据库。

本书由重庆大学大数据与软件学院柳玲、徐玲、周魏三位老师共同编写完成,其中柳玲负责实验2、3、4、5、附录;徐玲负责实验9、10、11、12、13;周魏负责实验1、6、7、8。柳玲对本书进行了统稿。

本书编写过程中参考了国内外数据库相关书籍和资料,在此对这些参考文献的作者表示感谢,同时感谢重庆大学出版社对本书出版所给予的支持和帮助,也感谢重庆大学大数据与软件学院文俊浩书记和蔡斌副院长对编写本书所给予的大力支持。

由于编者水平有限,书中难免有疏漏和不足,敬请读者批评指正,以利改进和提高。

编　者
2023年3月

目录
Contents

实验 1
MySQL 的安装 ∙∙∙

MySQL 是一个流行的关系型数据库管理系统,由瑞典 MySQL AB 公司开发,现属于 Oracle 公司旗下的产品。MySQL 将数据保存在不同的表中,而不是将所有数据放在一个"大仓库"内,这样增加了查询性能并提高了灵活性。MySQL 的语言基于 SQL 标准,系统采用了双授权政策,分为社区版、企业版和集群版。因为 MySQL 体积小、运行速度快、总体拥有成本低和开放源码这一特点,一般中小型网站的开发都选择 MySQL 作为网站数据库管理系统。

【实验目的】

掌握 MySQL 8.0 的安装方法。

【知识要点】

(1)MySQL 版本

MySQL 有多个版本,不同版本的 MySQL 能够满足单位和个人独特的性能、运行以及价格要求。用户可以根据应用程序的需要,进行版本的选择和 MySQL 组件的选择安装。

1)MySQL Enterprise 版(企业版 64 位和 32 位)

MySQL 企业版提供了全面的高级功能、管理工具和技术支持,实现了高水平的可扩展性、安全性、可靠性和无故障运行时间。它可在开发、部署和管理业务关键型 MySQL 应用的过程中降低风险、削减成本和减少复杂性。使用 MySQL 企业版需要购买 Oracle 公司相应的服务费用,可以试用 30 天。官方提供电话技术支持。

2)MySQL Community 版(社区版 64 位和 32 位)

MySQL 社区版是全球广受欢迎的开源数据库的免费下载版本。它遵循 GPL(General Public License,通用公共许可证)许可协议,由庞大活跃的开源开发人员社区提供支持,不提供官方技术支持。MySQL 社区版包含所有 MySQL 的最新功能,功能齐全。

3)MySQL Cluster 版(集群版 64 位和 32 位)

MySQL 集群版开源免费,是结合了线性可扩展性和高可用性的分布式数据库,提供跨分区和分布式数据集的内存实时访问和事务性一致性,是为关键任务应用而设计的。其内置了跨越多个地理站点的集群之间的复制功能,具有数据定位感知的共享架构,使其成为在商品硬件和全球分布式云基础设施中运行的完美选择。

（2）MySQL组件和管理工具

使用MySQL安装向导的"功能选择"页面，可以选择要安装的组件，其主要组件和管理工具如下：

①MySQL Server数据库引擎。它是MySQL的核心程序，功能是生成管理数据库实例和数据库实例任务调度线程，并提供相关接口供不同客户端调用。MySQL Server可用于持久保存数据并提供查询接口，可以托管多个数据库并处理这些数据库上的查询。数据库引擎是数据库管理系统面向物理层的组件，包含存储数据的一系列机制和处理方法的集成，可以把SQL语句翻译成对内存和文件的操作。

②MySQL Workbench。它是为MySQL设计的ER/数据库建模工具，是著名的数据库设计工具DBDesigner4的继任者，MySQL Workbench是可视化数据库设计和管理的工具，同时有开源和商业化的两个版本，支持Windows和Linux系统。

③MySQL Notifier。它是一款MySQL数据库的辅助工具，可以在系统任务栏的通知区域（系统托盘）处驻留图标，用于快捷监视、更改服务器实例（服务）的状态。同时，也可以与一些图形化管理工具（如MySQL Workbench）集成使用。

④MySQL Shell。它是MySQL Server的高级客户端和代码编辑器。除了提供SQL功能外，MySQL Shell还提供JavaScript和Python脚本功能，并包括与MySQL一起使用的API。

⑤MySQL Router。它是一个轻量级的中间件，可以为应用程序和后端的MySQL服务器提供透明路由。它可以应用到很多的使用场景，提供高可用性和可伸缩性。作为官方推出的中间件产品，它配合MGR（MySQL Group Replication，MySQL组复制）实现了一个完整的MySQL解决方案——MySQL Innodb Cluster。

⑥Connector-ODBC/C++/J/NET。MySQL数据库的相关官方驱动程序。

⑦MySQL Documentation。MySQL的官方文档。

⑧Samples and Examples。MySQL官方数据库参考案例。

【实验内容】

在Windows平台上安装MySQL 8.0。

【实验步骤】

①进入MySQL官网（https://www.mysql.com）的安装界面，单击"DOWNLOADS"按钮进入下载页面，如图1.1所示。

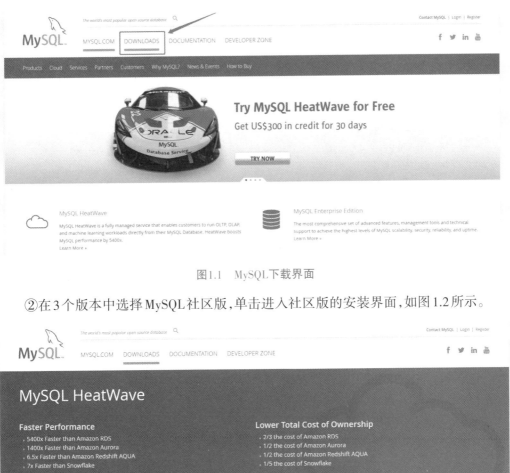

图1.1　MySQL下载界面

②在3个版本中选择MySQL社区版，单击进入社区版的安装界面，如图1.2所示。

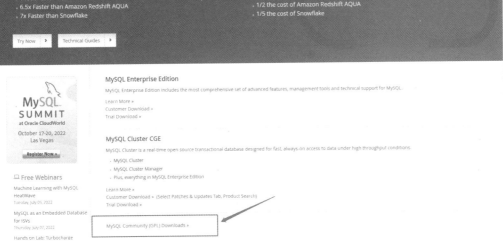

图1.2　选择安装社区版本

③在安装列表中选择"MySQL Installer for Windows"，此安装包中附带相关的所有组件，如图1.3所示。

MySQL Community Downloads

- MySQL Yum Repository
- MySQL APT Repository
- MySQL SUSE Repository

- MySQL Community Server
- MySQL Cluster
- MySQL Router
- MySQL Shell
- MySQL Operator
- MySQL Workbench

- MySQL Installer for Windows
- MySQL for Visual Studio

- C API (libmysqlclient)
- Connector/C++
- Connector/J
- Connector/NET
- Connector/Node.js
- Connector/ODBC
- Connector/Python
- MySQL Native Driver for PHP

- MySQL Benchmark Tool
- Time zone description tables
- Download Archives

ORACLE © 2022 Oracle

Privacy / Do Not Sell My Info | Terms of Use | Trademark Policy | Cookie 喜好设置

图1.3　选择"MySQL Installer for Windows"

④选择 MySQL 8.0.29 版本进行安装,最新版本为 MySQL 8.0.33(截至本书出版时),选择完整安装包下载到本地,如图 1.4 所示。

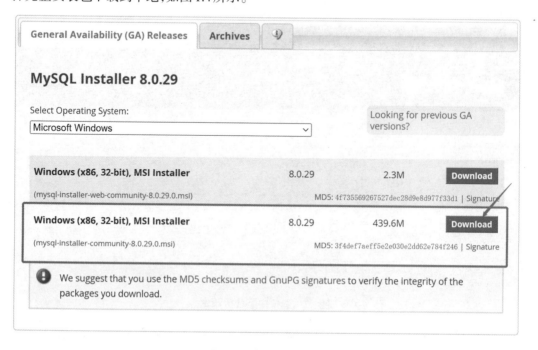

General Availability (GA) Releases	Archives			

MySQL Installer 8.0.29

Select Operating System:

Microsoft Windows

Looking for previous GA versions?

Windows (x86, 32-bit), MSI Installer	8.0.29	2.3M	Download
(mysql-installer-web-community-8.0.29.0.msi)		MD5: 4f735569267527dec28d9e8d977f33d1 | Signature	
Windows (x86, 32-bit), MSI Installer	8.0.29	439.6M	Download
(mysql-installer-community-8.0.29.0.msi)		MD5: 3f4def7aeff5e2e030e2dd62e784f246 | Signature	

We suggest that you use the MD5 checksums and GnuPG signatures to verify the integrity of the packages you download.

图1.4　选择下载版本

⑤双击下载至本地的msi文件,进行本地安装,如图1.5所示。

图1.5　msi文件安装

⑥在MySQL Installer安装界面,指定需要的功能插件,既可使用自定义,也可使用全部安装。为统一配置,采用默认安装,如图1.6所示,单击"Next"按钮。图1.6中列出了5种安装类型,分别是:Developer Default(默认安装类型)、Server only(仅作为服务)、Client only(仅作为客户端)、Full(完全安装)和Custom(自定义安装类型)。

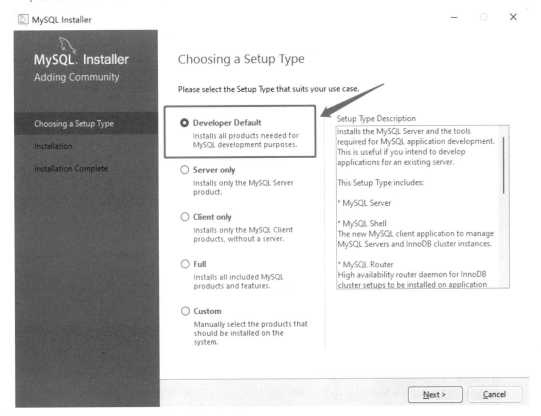

图1.6　默认安装

⑦默认配置的安装需要一些预备软件,单击"Check"按钮可对每一项预备软件进行检查,状态标记为"Manual"的软件需要手动完成安装。预备软件完成安装后,单击"Next"进行下一步,如图1.7所示。图1.7中所示的预备软件非本课程所需的核心软件,可以不进行安装,直接单击"Next"跳过安装。

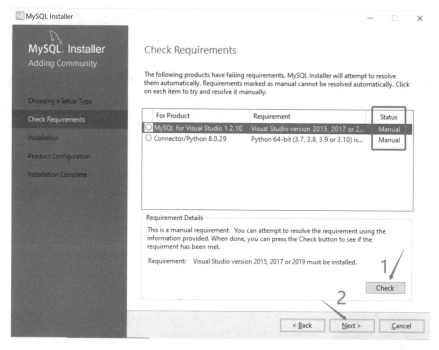

图1.7　预备软件检查

⑧各项插件的安装下载，单击"Execute"即可安装下载。如图1.8所示，框中的插件为必须安装的核心软件功能。

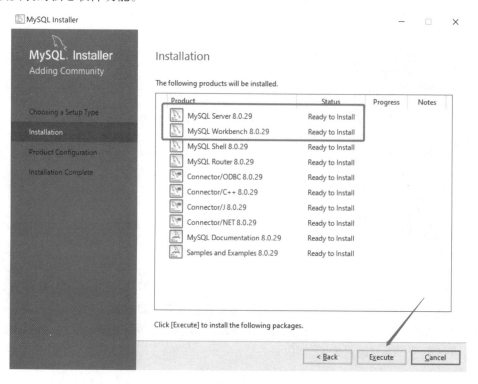

图1.8　MySQL插件的安装下载

⑨产品配置。连续单击"Next"按钮完成相关配置,如图1.9所示。

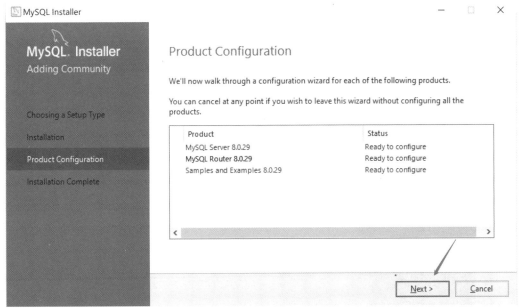

图1.9 产品配置

⑩勾选"TCP/IP",MySQL 端口号"Port"框默认为"3306",如果没有特殊需求一般不建议修改。继续单击"Next"按钮即可,如图1.10所示。

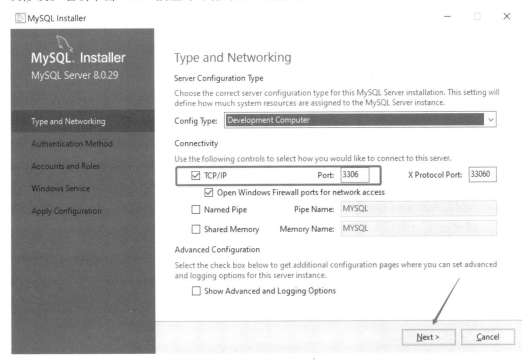

图1.10 确定配置与端口号

⑪选择默认的验证方式,然后单击"Next"按钮,如图1.11所示。

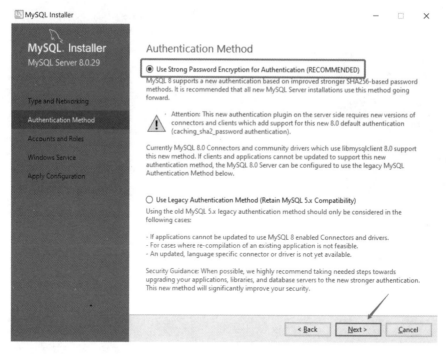

图1.11　验证方式

⑫在"MySQL Root Password"框中输入密码（用户自定），在"Repeat Password"框中重复前一个密码，两次输入的密码必须相同，设置MySQL服务器的登录密码。系统默认的用户名为"root"，如果想添加新用户，可以单击"Add User"按钮进行添加，然后单击"Next"按钮，如图1.12所示。

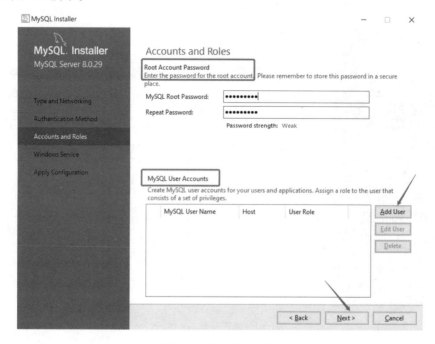

图1.12　账号密码设置

⑬在"Windows Service Name"框中设置 MySQL 服务器在 Windows 操作系统中的名称，选择登录使用的默认账号，这里无特殊需要直接使用默认值，然后单击"Next"按钮，如图 1.13 所示。

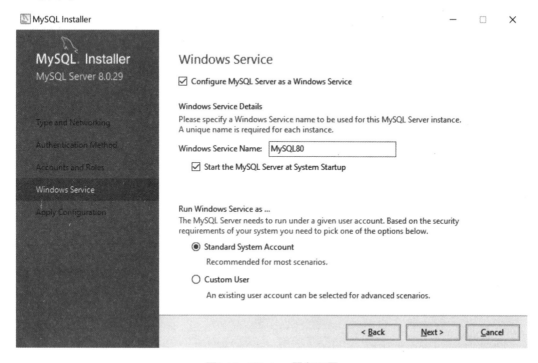

图1.13　Windows服务配置

⑭单击"Execute"按钮，应用配置，如图 1.14 所示。

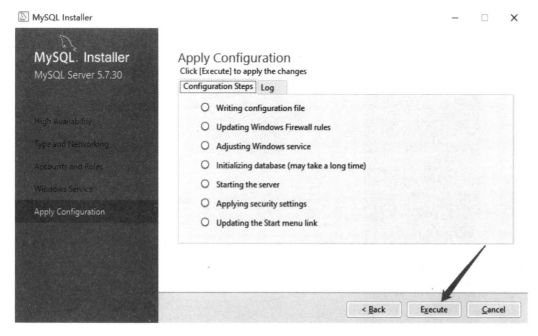

图1.14　应用配置

⑮应用默认的配置,单击"Finish"完成Router的相关配置,如图1.15所示。

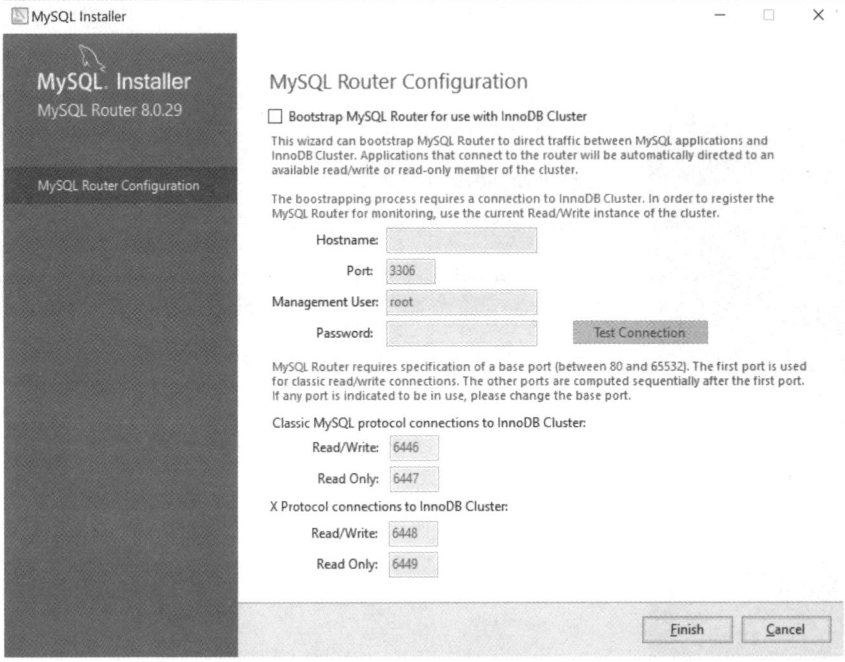

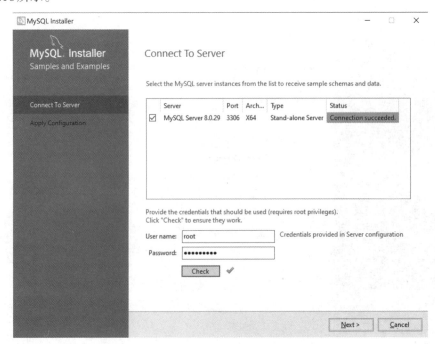

图1.15　Router配置

⑯在"User name"框中输入"root",在"Password"框中输入之前设置的密码,然后单击"Check"按钮,在"Status"下显示"Connection succeeded.",说明能成功连接MySQL服务器,如图1.16所示。

图1.16　连接MySQL服务器

⑰测试官方示例：单击"Execute"按钮，执行示例中的配置与脚本，如图1.17所示。

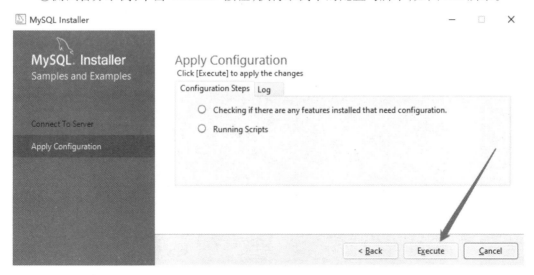

图1.17 执行示例的配置与脚本

⑱单击"Finish"按钮完成所有安装，如图1.18所示。

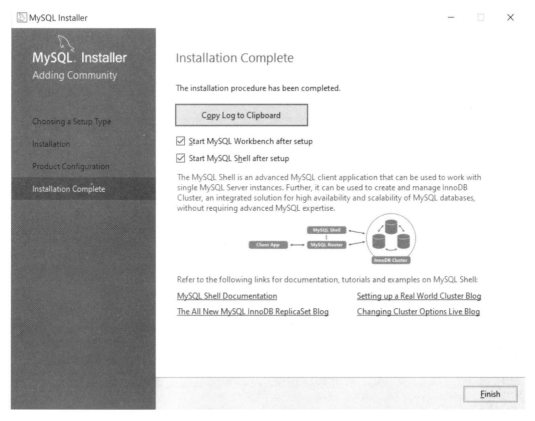

图1.18 完成安装

⑲安装完成后,自动启动MySQL的Shell界面与图形操作界面Workbench,如图1.19所示。

图1.19　Shell界面与Workbench界面

⑳关闭MySQL Shell界面,在MySQL Workbench界面中单击"Local instance MySQL80",在弹出窗口中的"Password"框中输入账号密码,进入本地服务器,如图1.20所示。

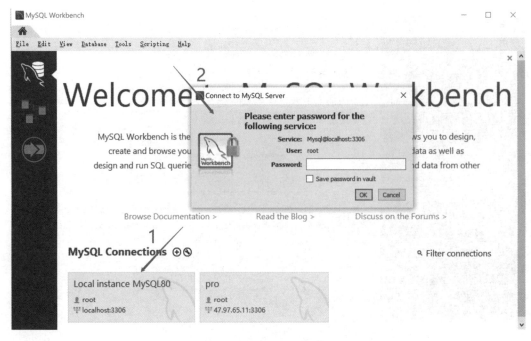

图1.20　登录本地服务器

㉑在本机上搜索MySQL关键字,查看相关软件是否安装成功,如图1.21所示。

图1.21 搜索安装的软件

习　题

在自己的计算机上下载并安装 MySQL 8.0。

实验 2
数据库基本操作 ⚪ ···

数据库是用来存储数据库对象和数据的地方,数据库对象包括表(Table)、存储过程(Stored Procedure)、视图(View)、触发器(Trigger)等。在创建数据库对象之前需要先创建数据库。数据库备份是避免突如其来的数据破坏(如:黑客攻击、病毒袭击、硬件故障和人为误操作等),是提高数据安全性的重要措施之一,是恢复数据最容易和最有效的保证方法。

【实验目的】

①理解数据库的概念和特点。
②掌握创建数据库的方法。
③掌握数据库属性的查看和修改方法。
④理解数据库备份的重要性。
⑤掌握数据库备份和恢复的方法。
⑥掌握数据库删除的方法。

【知识要点】

(1)MySQL 数据目录

数据目录用来存储 MySQL 在运行过程中所产生的数据,MySQL 服务器程序在启动时,会加载数据目录下的一些文件。

数据目录对应着一个系统变量 datadir,用户在使用客户端与服务器建立连接之后,可以使用下面命令查看 datadir 变量的值。

```
SHOW VARIABLES LIKE 'datadir';
```

执行上面语句后,查询到 MySQL 的数据目录为"C:\\ProgramData\\MySQL\\MySQL Server 8.0\\Data\\"。

数据目录下主要有这些文件夹或文件。

1)与数据库同名的文件夹

MySQL 创建数据库时,会在数据目录下创建一个与数据库同名的子文件夹。在数据库下创建表时,会在该子文件夹下创建一个表示该独立表空间的文件,文件名和表名相同,扩展名为.ibd。

2)auto.cnf

MySQL 启动时,会自动从该文件中获取 server-uuid 值,并将这个值存储在全局变量 server_uuid 中。如果该值或者该文件不存在,系统将会生成一个新的 uuid 值,并将该值保存在 auto.cnf 文件中。uuid 的作用是在 MySQL 复制时如果发生故障,slave 可以通过 uuid 辨识 master 的日志。

3)binlog.index

binlog.index 用于记录 MySQL 产生的 binlog 日志的具体位置,binlog 是 MySQL 记录所有操作的逻辑日志,主要用于故障恢复和主从同步。

4)*.pem

*.pem 文件用于 ssl 认证登录。

5)ib_buffer_pool

当 MySQL 数据库 InnoDB Buffer Pool 达到一定量级后,在因为异常造成宕机需要重启时,会面临一个严峻的问题,就是如何快速预热 Buffer Pool,光靠 InnoDB 是不够的,这时就需要将 InnoDB Buffer Pool 进行存储,在数据文件中进行备份,重启时 InnoDB 直接读取此文件。

6)#ib_16384_0.dblwr #ib_16384_1.dblwr

Doublewrite Buffer 是一个存储,InnoDB 将页写入 InnoDB 数据文件适当位置之前,会将缓冲池中页刷新到该存储中。如果操作系统存储子系统,或者 mysqld 进程在页写入中途崩溃,InnoDB 可以在恢复中从 Doublewrite Buffer 中找到一份好的备份。

7).ibdata1

ibdata1 文件是 InnoDB 默认共享表空间。

8).ib_logfile*

InnoDB Redo 日志,区别于 binlog,由于 MySQL 是一个支持多存储引擎共存的数据库,所以 InnoDB Redo 只记录 InnoDB 存储引擎的重做日志,并且 Redo 是一个物理日志,通过 xid 记录数据文件位置和 binlog 中的位置,而 binlog 记录的是 MySQL 全局的变化量,是一个逻辑日志。

9)ibtmp1

ibtmp1 文件是 InnoDB 临时表空间。

10)undo_001

undo_001 文件是 InnoDB Undo 表空间。

(2)SQL 语法约定

表2.1列出了 SQL 参考语法中使用的约定,并进行了说明。

表2.1　SQL语法约定

约定	用于
大写	SQL 关键字
斜体	用户提供的 SQL 语法的参数
I(竖线)	分隔括号或大括号中的语法项,只能使用其中一项
[ ](方括号)	可选语法项,不要键入方括号
{ }(大括号)	必选语法项,不要键入大括号

约定	用于
[,...]	指示前面的项可以重复 *n* 次,各项之间以逗号分隔
[...]	指示前面的项可以重复 *n* 次,每一项由空格分隔
;(英文)	SQL 语句终止符
label :	语法块的名称。用于对可在语句中的多个位置使用的过长语法段或语法单元进行分组和标记

(3)创建数据库的语法格式

```
CREATE {DATABASE | SCHEMA} [IF NOT EXISTS] db_name
    [create_option] ...


create_option: [DEFAULT] {
    CHARACTER SET [=] charset_name
  | COLLATE [=] collation_name
  | ENCRYPTION [=] {'Y' | 'N'}
}
```

CREATE DATABASE 指创建具有给定名称的数据库。

CREATE SCHEMA 是 CREATE DATABASE 的同义词。如果数据库存在而没有指定 IF NOT EXISTS,则会发生错误。

create_option 指定数据库特征。数据库特征存储在数据字典中。

CHARACTER SET 选项指定默认数据库字符集。

COLLATE 选项指定默认的数据库排序规则。字符集规定了字符在数据库中的存储格式,比如占多少空间、支持哪些字符等,不同的字符集有不同的排序规则。在维护和使用 MySQL 数据库的过程中,选取合适的字符集非常重要,如果选择不恰当,轻则影响数据库性能,严重的甚至会导致数据存储乱码。数据库排序规则规定字符之间如何进行排序和比较。COLLATE 会影响到 ORDER BY 语句的顺序,会影响到 WHERE 条件中大于、小于号筛选出来的结果。排序规则通常是和字符集相关的,一般来说,每种排序规则都有多种它所支持的字符集,并且每种字符集都指定一种排序规则为默认值。例如 Latin1 编码的默认 COLLATE 为 latin1_swedish_ci,GBK 编码的默认 COLLATE 为 gbk_chinese_ci,utf8mb4 编码的默认值为 utf8mb4_general_ci。

(4)设置默认数据库的语法格式

```
USE db_name
```

USE 语句告诉 MySQL 使用命名数据库作为后续语句的默认(当前)数据库。

(5)数据库备份

数据库备份是指从数据库或其事务日志中将数据或日志记录复制到备份设备(如磁盘),以创建数据备份或日志备份。数据库备份应定期进行,并执行有效的数据管理。

从物理与逻辑的角度分类,数据库备份分为物理备份和逻辑备份。从数据库的备份策略角度分类,数据库备份分为完整备份、差异备份和增量备份。

1)从物理与逻辑的角度分类

①物理备份:直接复制数据库文件,适用于大型数据库环境,不受存储引擎的限制,但不能恢复到不同的MySQL版本。物理备份又可分为:

冷备份(脱机备份):在数据库关闭状态下进行备份操作。

热备份(联机备份):在数据库处于运行状态时进行备份操作,该备份方法依赖数据库的日志文件。

温备份:数据库锁定表格(不可写入但可读)的状态下进行备份操作。

②逻辑备份:是对数据库逻辑组件(如表等数据库对象)的备份,这种类型的备份适用于可以编辑数据值或表结构,或者在不同的机器体系结构上重新创建数据。

2)从数据库的备份策略角度分类

①完整备份:每次对数据进行完整的备份,即对整个数据库的备份以及数据库结构和文件结构的备份,保存的是备份完成时刻的数据库,完整备份还是差异备份与增量备份的基础。完整备份的备份与恢复操作都非常简单方便,但数据存在大量的重复,并且会占用大量的磁盘空间,备份时间也很长。

②差异备份:备份那些从上一次完整备份之后被修改过的所有文件,备份的时间节点是从上次完整备份起,随着时间的增长,需要备份的数据量会越来越大。恢复数据时,只需恢复上次的完整备份与最近一次的差异备份。

③增量备份:只有那些在上次完整备份或者增量备份后被修改的文件才会被备份。以上次完整备份或上次增量备份的时间为时间点,仅备份之后的数据变化,因此备份的数据量小,占用空间小,备份速度快。但恢复时,需要从上一次的完整备份开始到最近一次增量备份之间的所有增量一次恢复,如中间某次的备份数据损坏,将导致数据的丢失。

(6)备份数据库工具mysqldump

MySQL GUI工具(如MySQL Workbench等)通常为备份MySQL数据库提供了便捷高效的功能。但是,如果数据库很大,则备份过程可能会非常缓慢,因为备份文件需要通过网络传输到客户端,而且若备份过程进展缓慢,那么MySQL数据库服务器的锁定时间则会增长,可用时间则会大幅度减少。

MySQL为了简化用户的备份操作,使用户能够在服务器上进行本地备份或转储MySQL数据库,提供了非常有用的工具,其中备份文件存储在服务器中的文件系统里,这意味着只需在需要时下载即可。

备份MySQL数据库的工具是mysqldump,位于MySQL安装文件夹下的bin文件夹中。mysqldump是由MySQL提供的程序,可用于备份数据库或将数据库传输到另一个数据库服务器。备份文件包含一组用于创建数据库对象的SQL语句。此外,mysqldump也可用于生成CSV、分隔符或XML文件。

备份MySQL数据库的命令如下:

```
mysqldump [-h localhost] -u [username] -p[password] [database_name] >
[dump_file.sql]
```

参数含义如下：

localhost：主机名。

username：有效的 MySQL 用户名。

password：用户的有效密码。请注意，-p 和密码之间没有空格。

database_name：要备份的数据库名称。

dump_file.sql：要生成的备份文件。

通过执行上述命令，所有数据库结构和数据将导出到一个 dump_file.sql 备份文件中。

还原 MySQL 数据库的命令如下：

```
mysql [-h localhost] -u [username] -p[password] [database_name] <
[dump_file.sql]
```

(7)修改数据库的语法格式

```
ALTER {DATABASE | SCHEMA} [db_name]
    alter_option ...


alter_option: {
    [DEFAULT] CHARACTER SET [=] charset_name
  | [DEFAULT] COLLATE [=] collation_name
  | [DEFAULT] ENCRYPTION [=] {'Y' | 'N'}
  | READ ONLY [=] {DEFAULT | 0 | 1}
}
```

数据库创建后，用户可以根据需要修改数据库的字符集、排序规则等参数。

(8)删除数据库的语法格式

```
DROP {DATABASE | SCHEMA} [IF EXISTS] db_name
```

DROP DATABASE 删除数据库中的所有表并删除数据库。

DROP SCHEMA 是 DROP DATABASE 的同义词。

实验 2.1　数据库的创建

【实验目的】

①掌握使用图形界面工具创建数据库。

②掌握设置默认数据库。

③学会查看数据库属性。

④掌握使用 SQL 创建数据库。

【实验内容】

①使用MySQL Workbench(图形界面工具)创建数据库。
②设置默认数据库。
③使用SQL创建数据库。

【实验步骤】

(1)使用图形界面工具创建数据库

使用MySQL Workbench创建数据库sales。

①启动MySQL Workbench。单击"MySQL Workbench 8.0 CE",显示工作主界面,单击"local instance MySQL",在"Connect to MySQL Server"对话框中输入密码,连接服务器。

②显示"MySQL Workbench"界面,如图2.1所示,在图标菜单中单击 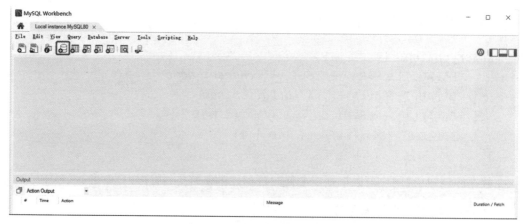,显示"new_schema_Schema"选项页,在"Name:"文本框中输入数据库名称"sales",选项页名称同时发生变化,如图2.2所示。

图2.1 "MySQL Workbench"界面

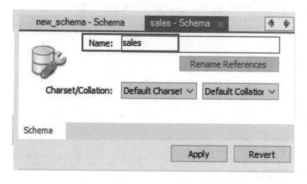

图2.2 "new_schema_Schema"选项页

③单击"Apply"按钮,显示"Apply SQL Script to Database"对话框,可以预览当前操作的SQL脚本,继续单击"Apply"按钮,如图2.3所示。

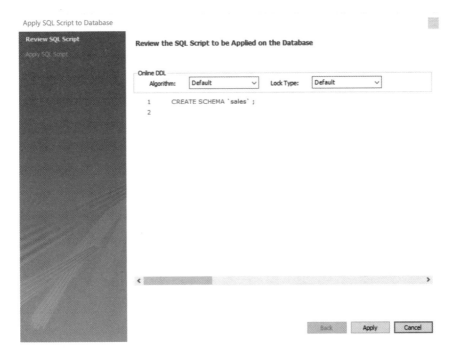

图2.3 预览当前操作的SQL脚本

④显示下一个"Apply SQL Script to Database"对话框,单击"Finish"按钮,如图2.4所示。

图2.4 "Apply SQL Script to Database"对话框

⑤在界面左侧的"Navigator"导航栏中单击"Schemas"选项页,刷新观察其中的数据库,现在增加了sales数据库,如图2.5所示。

图2.5　显示已增加的sales数据库

(2)设置默认数据库

在"Navigator"导航栏的"Schemas"选项页,右击新建的数据库"sales",在快捷菜单中选择"Set as Default Schema",如图2.6所示,设置"sales"为此次连接的默认数据库,接下来的所有操作都将在这个数据库下进行。

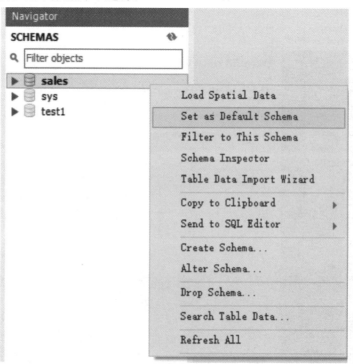

图2.6　设置默认数据库菜单

（3）使用SQL语句创建数据库test1和test2

①在图标菜单中单击第一个图标，新建一个查询窗口。在窗口中输入如下语句中的一条，具体操作如图2.7所示。

```
CREATE DATABASE test1;
或
CREATE SCHEMA test1;
```

图2.7　创建数据库语句

②单击工具栏中的 图标或者按下快捷键"Ctrl+Enter"，执行上面的SQL语句。

③观察界面中"Output"窗口的提示信息，显示的结果左边为绿色小钩 ，如图2.8所示，说明"test1"数据库创建成功。

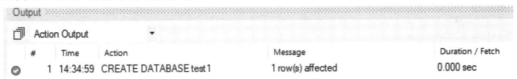

图2.8　"Output"窗口的提示信息

④光标移到界面左侧的"Navigator"导航栏的"Schemas"选项页，右击鼠标，在弹出的快捷菜单中（图2.9）选择"Refresh All"刷新"Schemas"选项页，现在增加了test1数据库。

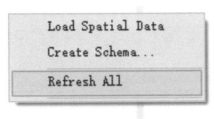

图2.9　弹出的快捷菜单

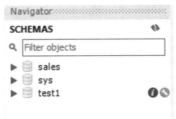

图2.10　查看数据库的属性内容

⑤查看test1数据库属性。光标移到界面左侧的"Navigator"导航栏的"Schemas"选项页的test1数据库，单击 按钮，如图2.10所示，打开test1数据库的"info"选项页，可以分别查看数据库的各属性内容，如图2.11所示。

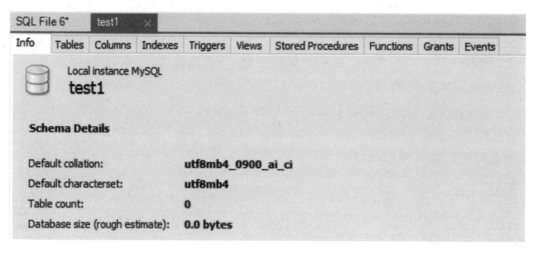

图2.11　数据库的各属性内容

⑥将SQL语句保存为脚本文件。选择菜单"File"→"Save Script"或按下快捷键"Ctrl+S"，显示"Save SQL Script"对话框，如图2.12所示，输入文件名，单击"保存"按钮，将SQL语句保存为脚本文件，SQL脚本文件的扩展名是.sql。

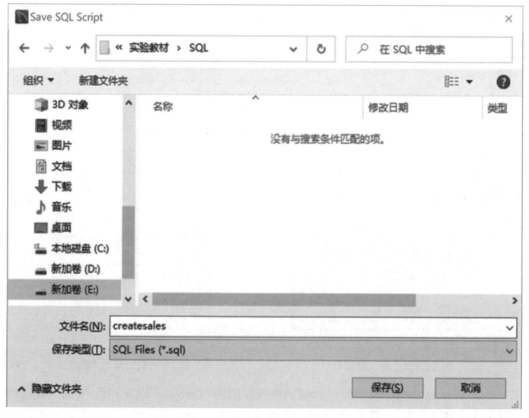

图2.12　"Save SQL Script"对话框

⑦重复步骤①—③，创建数据库"test2"。

实验2.2　数据库的备份

【实验目的】

①掌握使用图形界面工具备份数据库。
②掌握使用MySQL数据库的工具备份数据库。

【实验内容】

①使用图形界面工具备份数据库sales。
②使用MySQL数据库自带的备份工具mysqldump备份sales数据库。

【实验步骤】

（1）使用图形界面工具备份sales数据库

①在"MySQL Workbench"主界面的左侧选择"administration"选项卡,然后单击"Data Export",显示"Data Export"对话框,如图2.13所示。

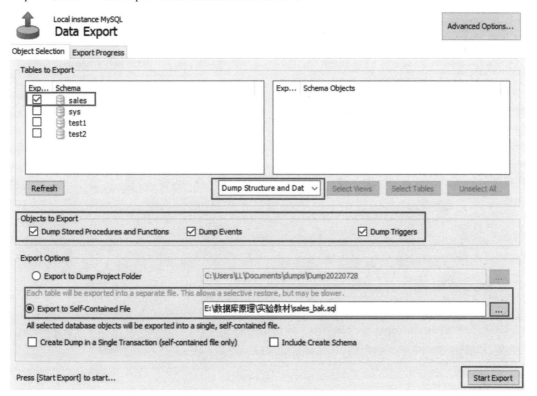

图2.13　"Data Export"对话框

②选择要备份的数据库"sales"，默认选择所有的表，在"Select views"按钮左边的下拉框选择"Dump Structure and Data"。将"Objects to Export"组里的3个选项全部勾选。在"Export Options"部分，选择"Export to Self-Contained File"，单击"…"按钮，设置备份文件存放路径和文件名，然后单击"Start Export"按钮即可，如图2.13所示。

③系统开始备份，备份完成后将显示如图2.14所示的对话框。然后关闭该对话框，查看备份文件存放目录，增加了sales_bak.sql脚本文件。用记事本打开此文件，查看备份文件信息，如图2.15所示。文件开头记录了MySQL dump的版本号、MySQL的版本号、备份的数据库名称。文件中包含多个Create和Insert语句，使用这些语句可以重新创建和插入数据。文件中以"--"开头的语句是注释语句，以"/*!"开头，以"*/"结尾的语句在MySQL中是可以执行的。为了保持兼容，即MySQL dump导出的SQL语句能被其他数据库直接使用，故把一些特有的、仅在MySQL中执行的语句放在"/*! ... */"中，这些语句在其他数据库中就不会被执行，但在MySQL中会执行。

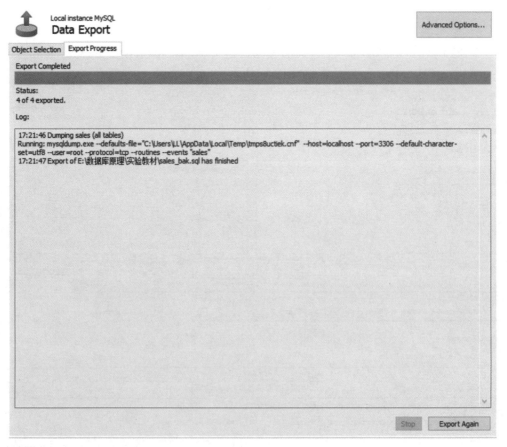

图2.14　备份成功

```
📄 sales_bak - 记事本                                        —    □    ×
文件(F) 编辑(E) 格式(O) 查看(V) 帮助(H)
-- MySQL dump 10.13  Distrib 8.0.29, for Win64 (x86_64)
--
-- Host: localhost    Database: sales
-- -------------------------------------------------------
-- Server version      8.0.29

/*!40101 SET @OLD_CHARACTER_SET_CLIENT=@@CHARACTER_SET_CLIENT */;
/*!40101 SET @OLD_CHARACTER_SET_RESULTS=@@CHARACTER_SET_RESULTS */;
/*!40101 SET @OLD_COLLATION_CONNECTION=@@COLLATION_CONNECTION */;
/*!50503 SET NAMES utf8 */;
/*!40103 SET @OLD_TIME_ZONE=@@TIME_ZONE */;
/*!40103 SET TIME_ZONE='+00:00' */;
/*!40014 SET @OLD_UNIQUE_CHECKS=@@UNIQUE_CHECKS, UNIQUE_CHECKS=0 */;
/*!40014 SET @OLD_FOREIGN_KEY_CHECKS=@@FOREIGN_KEY_CHECKS, FOREIGN_KEY_CHECKS=0 */;
/*!40101 SET @OLD_SQL_MODE=@@SQL_MODE, SQL_MODE='NO_AUTO_VALUE_ON_ZERO' */;
/*!40111 SET @OLD_SQL_NOTES=@@SQL_NOTES, SQL_NOTES=0 */;


--
-- Table structure for table `agents`
--

DROP TABLE IF EXISTS `agents`;
/*!40101 SET @saved_cs_client     = @@character_set_client */;
/*!50503 SET character_set_client = utf8mb4 */;
CREATE TABLE `agents` (
  `aid` char(3) NOT NULL,
  `aname` varchar(50) DEFAULT NULL,
  `city` varchar(50) DEFAULT NULL,
  `percent` float DEFAULT NULL,
  PRIMARY KEY (`aid`)
) ENGINE=InnoDB DEFAULT CHARSET=utf8mb4 COLLATE=utf8mb4_0900_ai_ci;
/*!40101 SET character_set_client = @saved_cs_client */;
```
```
                                  第 1 行，第 1 列    100%   Windows (CRLF)   UTF-8
```

图2.15　查看备份文件信息

（2）使用mysqldump备份数据库

使用MySQL数据库的工具mysqldump备份sales数据库。

①以管理员身份运行cmd命令提示符，如图2.16所示。

②在命令提示符窗口中，将当前目录转换到mysqldump.exe文件存放的目录，即MySQL安装目录下的bin文件夹，如果MySQL安装目录在C盘，如图2.17所示操作。如果MySQL安装目录在其他盘，需要先切换盘符，然后转换到mysqldump.exe文件存放的目录（输入的命令符号使用半角符号），如图2.18所示。

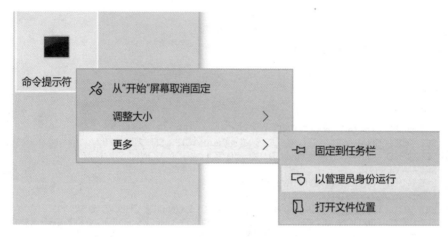

图2.16　cmd命令提示符

```
Administrator: 命令提示符
Microsoft Windows [Version 10.0.19044.1889]
(c) Microsoft Corporation。保留所有权利。

C:\Windows\system32>cd C:\Program Files\MySQL\MySQL Server 8.0\bin
```

图2.17　转换当前目录到My SQL安装目录下的bin文件夹

```
管理员: 命令提示符
Microsoft Windows [版本 10.0.19044.1889]
(c) Microsoft Corporation。保留所有权利。

C:\Windows\system32>d:

D:\>cd d:\Program Files\MySQL\MySQL Server 8.0\bin
```

图2.18　转换当前目录到D盘My SQL安装目录下的bin文件夹

③提前在E盘创建文件夹"bak",然后在命令提示符窗口输入 mysqldump -u root -p sales>e:\bak\sales_bak.sql,回车后执行,然后输入账户密码,导出成功,如图2.19所示。

```
C:\Program Files\MySQL\MySQL Server 8.0\bin>mysqldump -u root -p sales>e:\bak\sales_bak.sql
Enter password: ****
```

图2.19　在命令提示符窗口输入备份命令

④查看E:\bak是否存在备份数据库文件"sales_bak.sql"。

实验2.3　数据库的还原

【实验目的】

①掌握使用图形界面工具还原数据库。

②掌握在命令提示符窗口还原数据库。

【实验内容】

①使用图形界面工具还原 sales 数据库内容到 sales_1。

②在命令提示符窗口下,将备份文件 sales_bak.sql 的数据导入 test1 数据库。

【实验步骤】

(1)使用图形界面工具还原 sales 数据库内容到 sales_1

①进入"MySQL Workbench"主界面的左侧选择"Administration"选项卡,然后单击"Data Import/Restore",显示"Data Import"对话框,如图 2.20 所示。

②在"Import Options"部分,选择"Import from Self-Contained File",单击"⋯"按钮,选择之前备份的文件"sales_bak.sql";在"Default Schema to be Imported To"部分,单击"New..."按钮,在显示的对话框中设置恢复数据库名,这里输入"sales_1";在"Select views"按钮的左边下拉框选择"Dump Structure and Data",然后单击"Start Import"按钮即可,如图 2.20 所示。

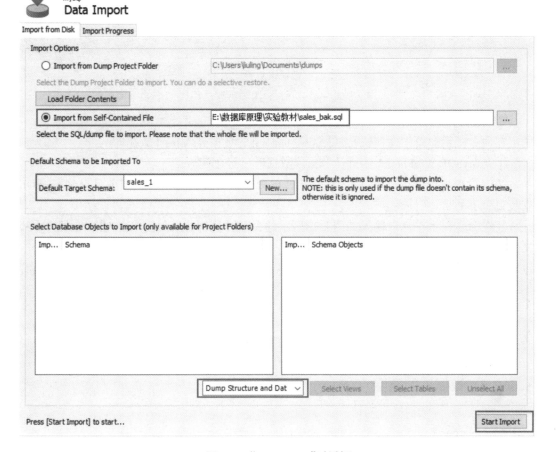

图 2.20 　"Data Import"对话框

③系统开始恢复,恢复完成后将显示如图2.21所示的对话框。然后关闭该对话框,刷新查看是否增加了一个新的数据库"sales_1",比较sales_1和sales是否相同。

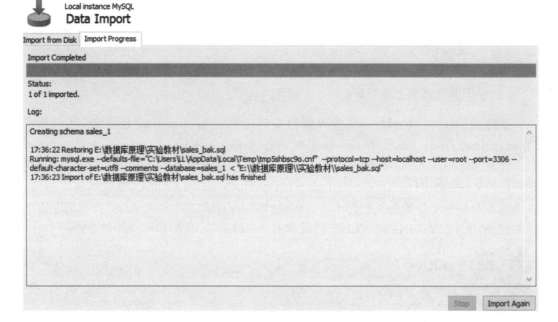

图2.21　数据恢复完成提示

(2)在命令提示符窗口还原数据

在命令提示窗口中,将备份文件sales_bak.sql的数据导入test1数据库。

①在MySQL Workbench中确认"test1"数据库已经创建。

②以管理员身份运行cmd命令提示符,在命令提示符窗口中转换当前目录到My SQL安装目录下的bin文件夹。

③在命令提示符窗口输入如图2.22所示的命令并执行,然后输入账户密码,即从外部文件导入数据到test1数据库

```
C:\Program Files\MySQL\MySQL Server 8.0\bin>mysql -u root -p test1<e:\bak\sales_bak.sql
Enter password: ****
```

图2.22　在命令提示符窗口还原数据

④在MySQL Workbench中查看比较test1数据库和sales数据库是否相同。

实验2.4　数据库的删除

【实验目的】

①掌握使用图形界面工具删除数据库。

②掌握使用SQL删除数据库。

【实验内容】

①使用图形界面工具删除数据库test1。

②使用SQL删除数据库test2。

【实验步骤】

(1)使用图形界面工具删除数据库test1

①在界面左侧的"Navigator"导航栏的"Schemas"选项页,光标指向"test1",右击鼠标,在快捷菜单中选择"Drop Schema",显示"Drop Schema"对话框,如图2.23所示。

图2.23　"Drop Schema"对话框

②单击"Drop Now",删除了数据库"test1",在"Navigator"导航栏的"Schemas"选项页中查看数据库test1是否存在。

(2)使用SQL删除数据库test2

①在图标菜单中单击第一个图标 ,新建一个查询窗口。

②在查询窗口输入下面的SQL语句:

```
DROP DATABASE test2;
```

③单击工具栏中的 图标或者按下快捷键"Ctrl+Enter",执行上面的SQL语句。观察"Output"输出区域面板,如果提示信息前有绿色小钩,说明语句执行成功。在"Navigator"导航栏的"Schemas"选项页,查看数据库test2是否存在。

习　题

针对数据库library(表结构和内容见附录)进行下面的实验。

1.使用MySQL Workbench创建数据库library,并查看数据库的属性信息。

2.使用SQL创建数据库library_1,并将SQL语句保存为脚本文件。

3. 使用 MySQL Workbench 备份数据库 library。

4. 使用 mysqldump 备份 library_1 数据库。

5. 使用 MySQL Workbench 恢复数据库 library。

6. 在命令提示符窗口恢复 library_1 数据库。

7. 使用 SQL 删除数据库 library_1。

实验 3
表的基本操作 ···

表(Table)是包含数据库中所有数据的数据库对象。数据在表中的组织方式与在电子表格中相似,都是按照行和列的格式组织的,每行代表一条记录,每列代表记录中的一个字段。

【实验目的】

①掌握表的创建方法。
②掌握表结构的修改方法。
③掌握复制表结构的方法。
④掌握删除表的方法。

【知识要点】

(1)MySQL 数据类型

MySQL 支持的数据类型包括数值类型、日期和时间类型、字符串类型、空间类型和 JSON 数据类型。

1)数值类型

数值类型包括整数类型(精确值)、定点类型(精确值)、浮点类型(近似值)和位值类型。

MySQL 支持的整数类型所需的存储空间和范围见表3.1。

表3.1 MySQL 支持的整数类型所需的存储空间和范围

类型	存储(字节)	有符号最小值	无符号最小值	有符号最大值	无符号最大值
TINYINT	1	−128	0	127	255
SMALLINT	2	−32768	0	32767	65535
MEDIUMINT	3	−8388608	0	8388607	16777215
INT	4	−2147483648	0	2147483647	4294967295
BIGINT	8	-2^{63}	0	$2^{63}-1$	$2^{64}-1$

定点类型(精确值)包括 DECIMAL 和 NUMERIC,MySQL 以二进制格式进行存储,在列声明中,可以指定精度和小数位数。例如:salary DECIMAL(5,2),其中 5 是精度,表示值存储的有效位数;2 是小数位数,表示可以在小数点后存储的位数,因此可以存储在列中

的值域为-999.99到999.99。

浮点类型(近似值)包括FLOAT和DOUBLE,单精度值FLOAT使用4个字节,双精度值DOUBLE使用8个字节。

位值类型有BIT,存储二进制位值,BIT(M)能存储M位的值,M可以是1到64。

2)日期和时间类型

日期和时间类型包括DATE、TIME、DATETIME、TIMESTAMP和YEAR。

DATE:用于具有日期部分但没有时间部分的值。MySQL以'YYYY-MM-DD'格式检索和显示值,支持的范围从' 1000-01-01'到' 9999-12-31'。

DATETIME:用于同时包含日期和时间部分的值。MySQL以'YYYY-MM-DD hh:mm:ss[.fraction]'格式检索和显示值。支持的范围从'1000-01-01 00:00:00.000000' 到 '9999-12-31 23:59:59.999999'。

TIMESTAMP:用于带时区同时包含日期和时间部分的值。有效范围是'1970-01-01 00:00:01.000000' UTC 至'2038-01-19 03:14:07.999999' UTC。 TIMESTAMP 的值存储的是自'1970-01-01 00:00:00' UTC(格林尼治标准时间)到当前时间的秒数。MySQL将值从当前时区转换为UTC以进行存储,并从UTC转换回当前时区以进行检索。

TIME:MySQL以'hh:mm:ss'格式检索和显示值(或'hhh:mm:ss'格式表示大小时值)。值的范围可以从'-838:59:59' 到 '838:59:59'。小时部分可能非常大,因为该类型不仅可以用于表示一天中的时间(必须小于24小时),还可以表示两个事件之间的经过时间或时间间隔(可能远大于24小时,甚至为负数)。

YEAR:该类型是用于表示年份值的1字节类型。MySQL 以 YYYY 格式显示值,范围为 '1901'到'2155',还有'0000'。

3)字符串类型

字符串类型包括 CHAR、VARCHAR、BINARY、VARBINARY、BLOB、TEXT、ENUM 和 SET。

CHAR 和 VARCHAR:这两个数据类型相似,但在存储和检索方式上有所不同,在最大长度和是否保留尾随空格方面也有所不同。CHAR 和 VARCHAR 声明的长度表示要存储的最大字符数,CHAR 是固定长度,会根据定义的长度分配空间,长度可以是0~255。比如CHAR(30)表示最多可以容纳30个字符,存储不足30个字符的值时,将使用指定长度的空格对值进行右填充。CHAR 适合存储很短的字符串,或者所有的值都接近同一个长度。VARCHAR 用于存储可变长度的字符串,比定长类型更节省空间,长度可以是0~65535,VARCHAR 需要使用1或2个额外字节记录字符串的长度,如果列的最大长度小于或等于255字节,则只使用1个字节表示;如果列长度大于255字节,则需要使用2个字节表示长度。

BINARY 和 VARBINARY:它们存储的是二进制字符串。二进制字符串和常规的字符串非常相似,但是二进制字符串存储的是字节码而不是字符。

BLOB 和 TEXT:都是为了存储很大数据而设计的字符串数据类型,分别采用二进制和字符方式存储。二进制类型包括 TINYBLOB、BLOB、MEDIUMBLOB、LONGBLOB;字符类型包括 TINYTEXT、TEXT、MEDIUMTEXT、LONGTEXT。与其他类型不同,MySQL 把每个 BLOB 和 TEXT 值当作一个独立的对象处理。存储引擎在存储时通常会做特殊处理,当

BLOB 和 TEXT 值太大时,InnoDB 会使用专门的外部存储区域来进行存储,此时每个值在行内需要1~4个字节存储一个指针,然后在外部存储区域存储实际值。BLOB 和 TEXT 之间仅有的不同是,BLOB 存储的是二进制数据,没有排序规则和字符集;而 TEXT 存储的是字符,有排序规则和字符集。

ENUM 类型即枚举类型,它的取值范围需要在创建表时通过枚举方式(一个个地列出来)显式指定。对1至255个成员的枚举需要1个字节存储;对于255至65 535个成员,需要2个字节存储,最多允许有65 535个成员。ENUM 忽略了大小写,也支持通过下标(从1开始,下标越界时报错)插入数据,其中特殊值0表示空值。

SET 类型是一个字符串对象,可以有零或多个值,其值来自创建时规定的允许的一列值。指定包括多个 SET 成员的 SET 列值时,各成员之间需要用逗号(",")间隔开,所以 SET 成员值本身不能包含逗号。ENUM 只能取一个值,而 SET 可以取多个值。

4)空间数据类型

MySQL 的空间类型是建立在 OpenGIS Geometry Model 之上,其中 Geometry 是顶级类,它具有所有类型都拥有的属性。

MySQL 空间数据类型主要有两类。一类是代表单个值的 GEOMETRY、POINT、LINESTRING、POLYGON。其中 GEOMETRY 可以是任意(POINT、LINESTRING 和 POLYGON)类型;另一类是集合类型,如 MULTIPOINT、MULTILINESTRING、MULTIPOLYGON、GEOMETRYCOLLECTION。集合类型中的元素必须为同一参考系。

5)JSON 数据类型

直接存储 JSON 格式的字符串,JSON 数据列会自动验证 JSON 的数据格式,如果格式不正确会报错。JSON 数据类型会采取最优化的存储格式,会把 JSON 格式的字符串转换成内部格式,以便能够快速地读取其中的元素。

(2)创建表的语法格式

```
CREATE [TEMPORARY] TABLE [IF NOT EXISTS] tbl_name
    (create_definition, ...)
    [table_options]
    [partition_options]

CREATE [TEMPORARY] TABLE [IF NOT EXISTS] tbl_name
    [(create_definition, ...)]
    [table_options]
    [partition_options]
    [IGNORE | REPLACE]
    [AS] query_expression

create_definition: {
    col_name column_definition
  | {INDEX | KEY} [index_name] [index_type] (key_part, ...)
      [index_option] ...
```

```
    | {FULLTEXT | SPATIAL} [INDEX | KEY] [index_name] (key_part, ...)
        [index_option] ...
    | [CONSTRAINT [symbol]] PRIMARY KEY
        [index_type] (key_part, ...)
        [index_option] ...
    | [CONSTRAINT [symbol]] UNIQUE [INDEX | KEY]
        [index_name] [index_type] (key_part, ...)
        [index_option] ...
    | [CONSTRAINT [symbol]] FOREIGN KEY
        [index_name] (col_name, ...)
        reference_definition
    | check_constraint_definition
}

column_definition: {
    data_type [NOT NULL | NULL] [DEFAULT {literal | (expr)}]
        [VISIBLE | INVISIBLE]
        [AUTO_INCREMENT] [UNIQUE [KEY]] [[PRIMARY] KEY]
        [COMMENT 'string']
        [COLLATE collation_name]
        [COLUMN_FORMAT {FIXED | DYNAMIC | DEFAULT}]
        [ENGINE_ATTRIBUTE [=] 'string']
        [SECONDARY_ENGINE_ATTRIBUTE [=] 'string']
        [STORAGE {DISK | MEMORY}]
        [reference_definition]
        [check_constraint_definition]
    | data_type
        [COLLATE collation_name]
        [GENERATED ALWAYS] AS (expr)
        [VIRTUAL | STORED] [NOT NULL | NULL]
        [VISIBLE | INVISIBLE]
        [UNIQUE [KEY]] [[PRIMARY] KEY]
        [COMMENT 'string']
        [reference_definition]
        [check_constraint_definition]
}

key_part: {col_name [(length)] | (expr)} [ASC | DESC]

index_type:
```

```
    USING {BTREE | HASH}

index_option: {
    KEY_BLOCK_SIZE [=] value
  | index_type
  | WITH PARSER parser_name
  | COMMENT 'string'
  | {VISIBLE | INVISIBLE}
  |ENGINE_ATTRIBUTE [=] 'string'
  |SECONDARY_ENGINE_ATTRIBUTE [=] 'string'
}

check_constraint_definition:
    [CONSTRAINT [symbol]] CHECK (expr) [[NOT] ENFORCED]

reference_definition:
    REFERENCES tbl_name (key_part, ...)
      [MATCH FULL | MATCH PARTIAL | MATCH SIMPLE]
      [ON DELETE reference_option]
      [ON UPDATE reference_option]

reference_option:
    RESTRICT | CASCADE | SET NULL | NO ACTION | SET DEFAULT

table_options:
    table_option [[,] table_option] ...

table_option: {
    AUTOEXTEND_SIZE [=] value
  | AUTO_INCREMENT [=] value
  | AVG_ROW_LENGTH [=] value
  | [DEFAULT] CHARACTER SET [=] charset_name
  | CHECKSUM [=] {0 | 1}
  | [DEFAULT] COLLATE [=] collation_name
  | COMMENT [=] 'string'
  | COMPRESSION [=] {'ZLIB' | 'LZ4' | 'NONE'}
  | CONNECTION [=] 'connect_string'
  | {DATA | INDEX} DIRECTORY [=] 'absolute path to directory'
  | DELAY_KEY_WRITE [=] {0 | 1}
  | ENCRYPTION [=] {'Y' | 'N'}
```

```
    | ENGINE [=] engine_name
    | ENGINE_ATTRIBUTE [=] 'string'
    | INSERT_METHOD [=] {NO | FIRST | LAST}
    | KEY_BLOCK_SIZE [=] value
    | MAX_ROWS [=] value
    | MIN_ROWS [=] value
    | PACK_KEYS [=] {0 | 1 | DEFAULT}
    | PASSWORD [=] 'string'
    | ROW_FORMAT [=] {DEFAULT | DYNAMIC | FIXED | COMPRESSED | REDUNDANT
| COMPACT}
    | START TRANSACTION
    | SECONDARY_ENGINE_ATTRIBUTE [=] 'string'
    | STATS_AUTO_RECALC [=] {DEFAULT | 0 | 1}
    | STATS_PERSISTENT [=] {DEFAULT | 0 | 1}
    | STATS_SAMPLE_PAGES [=] value
    | TABLESPACE tablespace_name [STORAGE {DISK | MEMORY}]
    | UNION [=] (tbl_name [, tbl_name] ...)
}

partition_options:
    PARTITION BY
        {[LINEAR] HASH (expr)
        | [LINEAR] KEY [ALGORITHM={1 | 2}] (column_list)
        | RANGE{(expr) | COLUMNS (column_list)}
        | LIST{(expr) | COLUMNS (column_list)}}
    [PARTITIONS num]
    [SUBPARTITION BY
        {[LINEAR] HASH (expr)
        | [LINEAR] KEY [ALGORITHM={1 | 2}] (column_list)}
      [SUBPARTITIONS num]
    ]
    [(partition_definition [, partition_definition] ...)]

partition_definition:
    PARTITION partition_name
        [VALUES
            {LESS THAN {(expr | value_list) | MAXVALUE}
            |
            IN (value_list)}]
        [[STORAGE] ENGINE [=] engine_name]
```

```
        [COMMENT [=] 'string']
        [DATA DIRECTORY [=] 'data_dir']
        [INDEX DIRECTORY [=] 'index_dir']
        [MAX_ROWS [=] max_number_of_rows]
        [MIN_ROWS [=] min_number_of_rows]
        [TABLESPACE [=] tablespace_name]
        [(subpartition_definition [, subpartition_definition] ...)]

subpartition_definition:
    SUBPARTITION logical_name
        [[STORAGE] ENGINE [=] engine_name]
        [COMMENT [=] 'string']
        [DATA DIRECTORY [=] 'data_dir']
        [INDEX DIRECTORY [=] 'index_dir']
        [MAX_ROWS [=] max_number_of_rows]
        [MIN_ROWS [=] min_number_of_rows]
        [TABLESPACE [=] tablespace_name]

query_expression:
    SELECT ...   (Some valid select or union statement)
```

说明:其中常用的子句或参数解释如下。

①TEMPORARY:所创建的是临时表,只能在当前会话中可见,会话关闭后,临时表会被自动删除。

②IF NOT EXISTS:判断数据库中是否已经存在同名的表,如果未加此项,当数据库中已经存在同名的表时,创建表语句会出错,加上此项后,可以阻止错误发生。

③DATA_TYPE:定义字段的数据类型。字符串类型(CHAR、VARCHAR)需要指定长度;整型(INT、BIGINT、TINYINT 等)和日期类型(DATETIME、TIMESTAMP 等)只需要指定类型,不需要指定长度;decimal 类型需要指定精度和小数位数。

④PRIMARY KEY:指定表的主键。

⑤AUTO_INCREMENT:指定字段为自增字段,该字段的类型必须为 INT 或 BIGINT 才能设置为自增字段。

⑥NOT NULL|NULL:设置字段能否取空值。

⑦DEFAULT:设置字段的默认值。

⑧INDEX:创建索引。index_name 指定索引名,该参数可以省略,如果省略则索引名就是字段名。

⑨FOREIGN KEY:指定外键。

⑩ENGINE:设置引擎类型,常用的有 InnoDB 和 myISAM 引擎。

⑪DEFAULT CHARACTER SET:设置表所用的字符集。

(3)查看已创建的表的语法格式

```
SHOW [EXTENDED] [FULL] TABLES
    [{FROM | IN} db_name]
        [LIKE 'pattern' | WHERE expr]
```

(4)查看表结构的语法格式

```
SHOW [EXTENDED] [FULL] {COLUMNS | FIELDS}
    {FROM | IN} tbl_name
    [{FROM | IN} db_name]
        [LIKE 'pattern' | WHERE expr]
```

或者

```
{EXPLAIN | DESCRIBE | DESC}
        tbl_name [col_name | wild]
```

(5)复制表结构的语法格式

①只复制表结构,包括主键、索引,但不会复制表数据。

```
CREATE TABLE new_tbl LIKE orig_tbl;
```

②复制表结构及全部数据,但不会复制主键、索引等。

```
CREATE TABLE new_tbl [AS] SELECT * FROM orig_tbl;
```

③如果既要复制包括主键、索引的表结构,也要复制表数据,可以分两步完成,先复制表结构,再插入数据。

```
CREATE TABLE new_tbl LIKE orig_tbl;
INSERT INTO new_tbl SELECT * FROM orig_tbl;
```

(6)修改表结构的语法格式

```
ALTER TABLE tbl_name
    [alter_option [, alter_option] ...]
    [partition_options]

alter_option: {
    table_options
  | ADD [COLUMN] col_name column_definition
        [FIRST | AFTER col_name]
  | ADD [COLUMN] (col_name column_definition, ...)
  | ADD {INDEX | KEY} [index_name]
        [index_type] (key_part, ...) [index_option] ...
  | ADD {FULLTEXT | SPATIAL} [INDEX | KEY] [index_name]
```

```
        (key_part, ...) [index_option] ...
  | ADD [CONSTRAINT [symbol]] PRIMARY KEY
        [index_type] (key_part, ...)
        [index_option] ...
  | ADD [CONSTRAINT [symbol]] UNIQUE [INDEX | KEY]
        [index_name] [index_type] (key_part, ...)
        [index_option] ...
  | ADD [CONSTRAINT [symbol]] FOREIGN KEY
        [index_name] (col_name, ...)
        reference_definition
  | ADD [CONSTRAINT [symbol]] CHECK (expr) [[NOT] ENFORCED]
  | DROP {CHECK | CONSTRAINT} symbol
  | ALTER {CHECK | CONSTRAINT} symbol [NOT] ENFORCED
  | ALGORITHM [=] {DEFAULT | INSTANT | INPLACE | COPY}
  | ALTER [COLUMN] col_name {
        SET DEFAULT {literal | (expr)}
      | SET {VISIBLE | INVISIBLE}
      | DROP DEFAULT
    }
  | ALTER INDEX index_name {VISIBLE | INVISIBLE}
  | CHANGE [COLUMN] old_col_name new_col_name column_definition
        [FIRST | AFTER col_name]
  |[DEFAULT]CHARACTERSET[=]charset_name[COLLATE[=]collation_name]
  | CONVERT TO CHARACTER SET charset_name [COLLATE collation_name]
  | {DISABLE | ENABLE} KEYS
  | {DISCARD | IMPORT} TABLESPACE
  | DROP [COLUMN] col_name
  | DROP {INDEX | KEY} index_name
  | DROP PRIMARY KEY
  | DROP FOREIGN KEY fk_symbol
  | FORCE
  | LOCK [=] {DEFAULT | NONE | SHARED | EXCLUSIVE}
  | MODIFY [COLUMN] col_name column_definition
        [FIRST | AFTER col_name]
  | ORDER BY col_name [, col_name] ...
  | RENAME COLUMN old_col_name TO new_col_name
  | RENAME {INDEX | KEY} old_index_name TO new_index_name
  | RENAME [TO | AS] new_tbl_name
  | {WITHOUT | WITH} VALIDATION
}
```

```
partition_options:
    partition_option [partition_option] ...

partition_option: {
    ADD PARTITION (partition_definition)
  | DROP PARTITION partition_names
  | DISCARD PARTITION {partition_names | ALL} TABLESPACE
  | IMPORT PARTITION {partition_names | ALL} TABLESPACE
  | TRUNCATE PARTITION {partition_names | ALL}
  | COALESCE PARTITION number
  | REORGANIZE PARTITION partition_names INTO (partition_definitions)
  | EXCHANGE PARTITION partition_name WITH TABLE tbl_name [{WITH |
WITHOUT} VALIDATION]
  | ANALYZE PARTITION {partition_names | ALL}
  | CHECK PARTITION {partition_names | ALL}
  | OPTIMIZE PARTITION {partition_names | ALL}
  | REBUILD PARTITION {partition_names | ALL}
  | REPAIR PARTITION {partition_names | ALL}
  | REMOVE PARTITIONING
}

key_part: {col_name [(length)] | (expr)} [ASC | DESC]

index_type:
    USING {BTREE | HASH}

index_option: {
    KEY_BLOCK_SIZE [=] value
  | index_type
  | WITH PARSER parser_name
  | COMMENT 'string'
  | {VISIBLE | INVISIBLE}
}

table_options:
    table_option [[,] table_option] ...

table_option: {
    AUTOEXTEND_SIZE [=] value
```

```
    | AUTO_INCREMENT [=] value
    | AVG_ROW_LENGTH [=] value
    | [DEFAULT] CHARACTER SET [=] charset_name
    | CHECKSUM [=] {0 | 1}
    | [DEFAULT] COLLATE [=] collation_name
    | COMMENT [=] 'string'
    | COMPRESSION [=] {'ZLIB' | 'LZ4' | 'NONE'}
    | CONNECTION [=] 'connect_string'
    | {DATA | INDEX} DIRECTORY [=] 'absolute path to directory'
    | DELAY_KEY_WRITE [=] {0 | 1}
    | ENCRYPTION [=] {'Y' | 'N'}
    | ENGINE [=] engine_name
    | ENGINE_ATTRIBUTE [=] 'string'
    | INSERT_METHOD [=] {NO | FIRST | LAST}
    | KEY_BLOCK_SIZE [=] value
    | MAX_ROWS [=] value
    | MIN_ROWS [=] value
    | PACK_KEYS [=] {0 | 1 | DEFAULT}
    | PASSWORD [=] 'string'
  | ROW_FORMAT [=] {DEFAULT | DYNAMIC | FIXED | COMPRESSED | REDUNDANT |
COMPACT}
    | SECONDARY_ENGINE_ATTRIBUTE [=] 'string'
    | STATS_AUTO_RECALC [=] {DEFAULT | 0 | 1}
    | STATS_PERSISTENT [=] {DEFAULT | 0 | 1}
    | STATS_SAMPLE_PAGES [=] value
    | TABLESPACE tablespace_name [STORAGE {DISK | MEMORY}]
    | UNION [=] (tbl_name [, tbl_name] ...)
  }


partition_options:
    (see CREATE TABLE options)
```

(7)删除表的语法格式

```
DROP [TEMPORARY] TABLE [IF EXISTS]
    tbl_name [, tbl_name] ...
    [RESTRICT | CASCADE]
```

实验 3.1 表的创建

【实验目的】

①掌握使用图形界面工具创建表。
②掌握使用SQL创建表。

【实验内容】

①使用图形界面工具在sales数据库中创建customers表和products表。
②使用SQL在sales数据库中创建agents表和orders表。
说明: 数据库sales包含4个关系表,表的结构见附录的图14.1—图14.4所示。

【实验步骤】

(1)使用图形界面工具创建表

在sales数据库中创建customers表和products表。

①启动MySQL Workbench。单击"MySQL Workbench",显示工作主界面,单击"local instance MySQL",连接服务器。

②在"Navigator"导航栏的"Schemas"选项页中,单击展开"sales",右击"Tables",在快捷菜单中选择"Create Table..."选项,如图3.1所示。

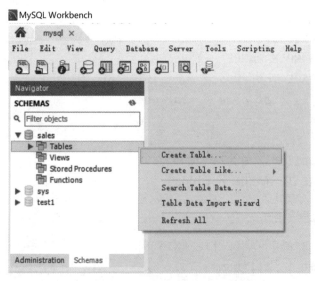

图3.1 选择"Create Tables..."选项

③显示"new_table-Table"对话框,在"Table Name:"栏输入表名"customers"后,对话框名称自动变为"customers-Table",在"Column Name"下空白处双击,修改列名为"cid",在"Datatype"下拉列表中选择数据类型CHAR,修改长度为4,勾选"PK"设置为主键,勾选"NN"设置为非空,同样

依次输入customers表的其他列,如图3.2所示,其他列输入完成后单击"Apply"按钮。

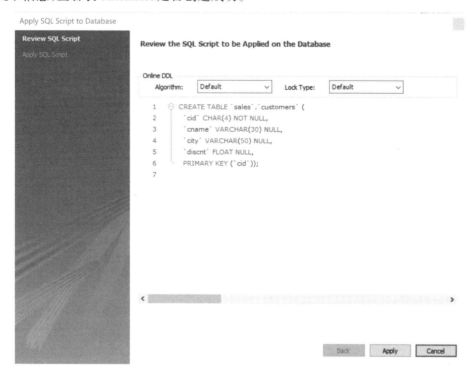

图3.2　"新建表"的对话框

④显示"Apply SQL Script to Database"对话框,如图3.3所示,可以查看创建表的SQL脚本,单击"Apply"按钮,在下一个对话框(图3.4)中,单击"Finish"按钮,观察"Output"栏的提示信息,查看表Customers是否创建成功。

图3.3　"Apply SQL Script to Database"对话框1

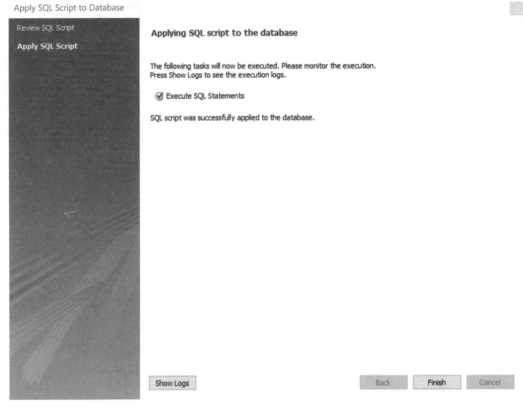

图3.4 "Apply SQL Script to Database"对话框2

⑤按照步骤②—④的顺序创建products表。

(2)使用SQL创建表

在sales数据库中创建agents表和orders表。

①在图标菜单中单击第一个图标 ![SQL icon]，新建一个查询窗口，在窗口中输入如下语句：

```
CREATE TABLE agents (
        aid CHAR (3) NOT NULL,
        aname VARCHAR (50),
        city VARCHAR (50),
        percent FLOAT,
        PRIMARY KEY (aid));
```

②在输入语句的过程中，如果在某语句前出现图3.5中第5行号后的红叉标志，说明该语句或前一语句有语法错误，修正消除语法错误后，红叉就会消失。

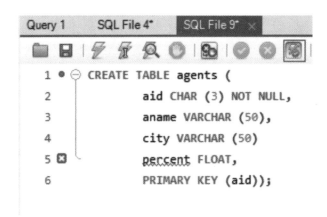

图3.5 代码中出现红叉标志

③单击工具栏中的 ⚡ 图标或者按下快捷键"Ctrl+Enter",执行上面的SQL语句。

④观察界面中"Output"窗口的提示信息,查看表agents是否创建成功。

⑤按照步骤①—④的顺序创建orders表,其不同的是在步骤②中的查询窗口,输入下面的SQL语句,如图3.6所示。

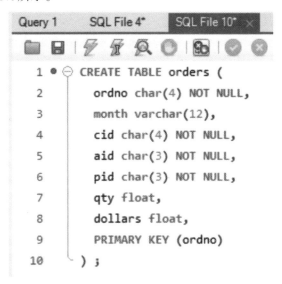

图3.6 创建orders表的SQL代码

⑥查看已创建的数据表。新建一个查询窗口,输入语句:"SHOW tables;",按下快捷键"Ctrl+Enter",执行后结果如图3.7所示。

⑦查看数据表结构。新建一个查询窗口,输入语句:"DESC orders;"或者"DESCRIBE orders;"按下快捷键"Ctrl+Enter",执行后结果如图3.8所示。

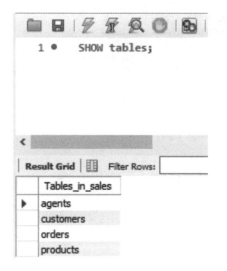

图3.7　查看已创建的数据表

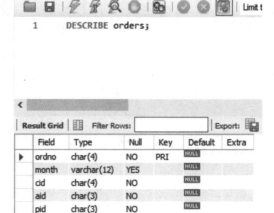

图3.8　查看数据表orders的结构

实验3.2　复制表结构

【实验目的】

掌握使用SQL语句复制表结构。

【实验内容】

使用SQL语句,复制数据库表,要求新表与老表结构相同,包括键和索引等,数据为空。

【实验步骤】

使用SQL语句复制sales数据库中的orders表结构创建数据表test1,复制agents表结构创建数据表test2,新表与老表结构相同,包括键和索引等,数据为空。

①在图标菜单中单击第一个图标 ,新建一个查询窗口。

②在查询窗口输入下面的SQL语句:

```
CREATE TABLE test1 LIKE orders;
CREATE TABLE test2 LIKE agents;
```

③单击工具栏中的 图标或者按下快捷键"Ctrl+Shift+Enter",执行上面的SQL语句。观察"Output"输出区域面板,如果提示信息前有绿色小钩,则说明语句执行成功。在

"Navigator"页中刷新后查看，比较test1和orders的表结构是否相同，比较test2和agents的表结构是否相同。

实验3.3 修改表结构

【实验目的】

①掌握使用图形界面工具修改表结构。

②掌握使用SQL修改表结构。

【实验内容】

①使用图形界面工具向已有数据表test2增加电子信箱email列，列名：email，数据类型：CHAR，长度：40，允许空否：NOT NULL。

②使用SQL向数据表test2增加电话tel列，列名：tel，数据类型：CHAR，长度：11，允许空否：NULL，把tel列添加到percent列后的位置。

③使用SQL修改test2中电子信箱email列。修改后信息为列名：email，数据类型：CHAR，长度：20，允许空否：NULL。

④使用SQL修改数据表test2中tel列名为telphone，数据类型为CHAR（11）。

⑤使用SQL设置数据表test2中percent列的默认值为0。

⑥使用SQL删除test2中电子信箱email列。

⑦使用SQL修改test2表的名称为test3。

【实验步骤】

（1）使用图形界面工具添加列

向已有数据表test2增加电子信箱email列，列名：email，数据类型：CHAR，长度：40，允许空否：NOT NULL。

①在"Navigator"导航栏的"Schemas"选项卡中依次单击 "sales" → "Tables"，右击 "test2"，在快捷菜单中选择 "Alter Table..."选项。

②在查询窗口中显示"test2-Table"对话框，显示test2表的相关信息，在列属性的最后一行添加新列email的定义，列名：email，数据类型：CHAR，长度：40，不允许Null值，如图3.9所示。单击"Apply"按钮后，显示如图3.10所示的对话框，继续单击"Apply"按钮，然后在如图3.11所示的对话框中单击"Finish"按钮即可。

③在"Navigator"导航栏中刷新后查看test2表的列是否已增加email列。

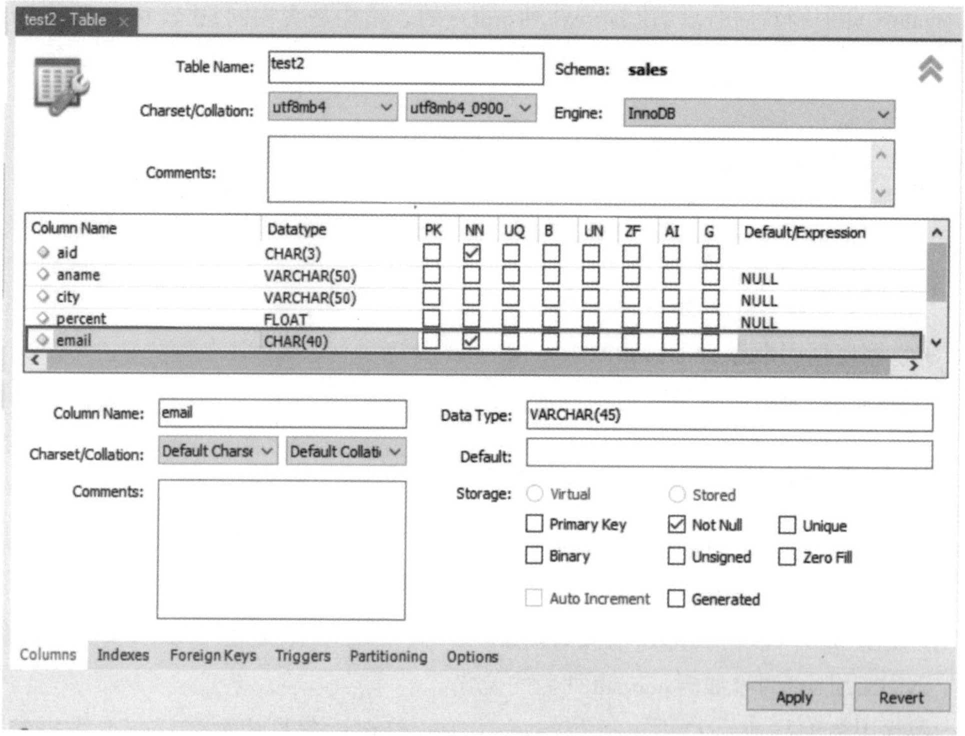

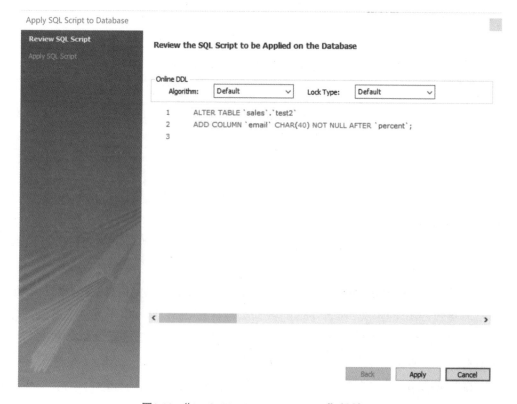

图3.9　对test2表增加emil列

图3.10　"Apply SQL Script to Database"对话框1

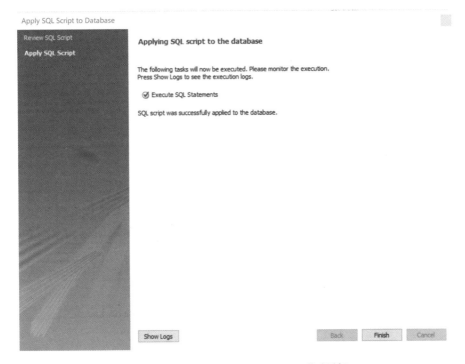

图3.11　"Apply SQL Script to Database"对话框2

(2)使用SQL向数据表添加列

向数据表test2中增加电话tel列,列名:tel,数据类型:CHAR,长度:11,允许空否:NULL,把tel列添加到percent列后的位置。

①在图标菜单中单击第一个图标 ![SQL图标],新建一个查询窗口。

②在查询窗口输入下面的SQL语句:

```
ALTER TABLE test2
ADD COLUMN tel CHAR(11)  NULL  AFTER  percent;
```

③单击工具栏中的 ![图标] 图标或者按下快捷键"Ctrl+Enter",执行上面的SQL语句。观察"Output"输出区域面板,如果提示信息前有绿色小钩,则说明语句执行成功。在"Navigator"中刷新后查看test2表是否增加了列tel和tel列的位置,查看结果如图3.12所示。

图3.12　查看test2表结构

（3）使用SQL修改数据表中的列

修改数据表test2中电子信箱email列。把email列修改成："列名:email,数据类型:CHAR,长度:20,允许空否:NULL"。

①在图标菜单中单击第一个图标，新建一个查询窗口。

②在查询窗口输入下面的SQL语句：

```
ALTER TABLE test2
CHANGE COLUMN email CHAR(20) NULL;
```

③单击工具栏中的图标 或者按下快捷键"Ctrl+Enter"，执行上面的SQL语句。观察"Output"输出区域面板,如果提示信息前有绿色小钩,则说明语句执行成功。在"Navigator"中刷新后查看test2表的列email的定义是否已修改。

（4）使用SQL修改数据表的列名

将数据表test2中tel列名修改为"telphone",数据类型为CHAR(11)。

①在图标菜单中单击第一个图标，新建一个查询窗口。

②在查询窗口输入下面的SQL语句：

```
ALTER TABLE test2
CHANGE COLUMN tel telphone CHAR(11);
```

③单击工具栏中的图标 或者按下快捷键"Ctrl+Enter"，执行上面的SQL语句。观察"Output"输出区域面板,如果提示信息前有绿色小钩,说明语句执行成功。在"Navigator"中刷新后查看test2表的tel列是否完成修改。

（5）使用SQL设置列的默认值

将数据表test2中的percent列的默认值设置为0。

①在图标菜单中单击第一个图标，新建一个查询窗口。

②在查询窗口输入下面的SQL语句：

```
ALTER TABLE test2
MODIFY percent FLOAT DEFAULT 0;
```

③单击工具栏中的 图标或者按下快捷键"Ctrl+Enter"，执行上面的SQL语句。观察"Output"输出区域面板,如果提示信息前有绿色小钩,则说明语句执行成功。在"Navigator"中右击test2表,在快捷菜单中选择"Alter Table..."，查看percent列的默认值是否修改,如图3.13所示。

Table Name:	test2								Schema:	**sales**	

Charset/Collation: utf8mb4 ∨ utf8mb4_0900_ai_ci ∨ Engine: InnoDB

Comments:

Column Name	Datatype	PK	NN	UQ	B	UN	ZF	AI	G	Default/Expression
🔑 aid	CHAR(3)	☑	☑	☐	☐	☐	☐	☐	☐	
◇ aname	VARCHAR(50)	☐	☐	☐	☐	☐	☐	☐	☐	NULL
◇ city	VARCHAR(50)	☐	☐	☐	☐	☐	☐	☐	☐	NULL
◇ percent	FLOAT	☐	☐	☐	☐	☐	☐	☐	☐	'0'
◇ telephone	CHAR(11)	☐	☐	☐	☐	☐	☐	☐	☐	NULL
◇ email	CHAR(20)	☐	☐	☐	☐	☐	☐	☐	☐	NULL

Column Name:　　　　　　　　　　　　　　　　Data Type:

Charset/Collation:　　　　　　　　　　　　　　Default:

Comments:　　　　　　　　　　　　　Storage: ○ Virtual　　○ Stored

☐ Primary Key　☐ Not Null　☐ Unique
☐ Binary　　　☐ Unsigned　☐ Zero Fill
☐ Auto Increment　☐ Generated

Columns Indexes Foreign Keys Triggers Partitioning Options

Apply Revert

图3.13 查看test2表的percent列

(6)使用SQL删除数据表中的列

将数据表test2中的电子信箱email列删除。

①在图标菜单中单击第一个图标 📇,新建一个查询窗口。
②在查询窗口输入下面的SQL语句:

```
ALTER TABLE test2
DROP COLUMN email;
```

③单击工具栏中的 ⚡ 图标或者按下快捷键"Ctrl+Enter",执行上面的SQL语句。观察"Output"输出区域面板,如果提示信息前有绿色小钩,则说明语句执行成功。在"Navigator"中刷新后查看test2表的列email是否已删除。

(7)使用SQL修改数据表的名称

将数据表test2的名称修改为test3。

①在图标菜单中单击第一个图标 📇,新建一个查询窗口。
②在查询窗口输入下面的SQL语句:

```
ALTER TABLE test2 RENAME TO test3;
```

③单击工具栏中的图标 ⚡ 或者按下快捷键"Ctrl+Enter",执行上面的SQL语句。观察"Output"输出区域面板,如果提示信息前有绿色小钩,则说明语句执行成功。在"Navigator"中刷新后查看原test2表名是否已修改为test3。

实验3.4　删除表

【实验目的】

①掌握使用图形界面工具删除表。
②掌握使用SQL删除表。

【实验内容】

①使用图形界面工具删除表test1。
②使用SQL删除表test2。

【实验步骤】

(1)使用图形界面工具删除表test1

①在"Navigator"导航栏的"Schemas"选项卡中依次单击"sales"→"Tables",右击"test1",在快捷菜单中选择"Drop Tables"选项,弹出"Drop Table"对话框,如图3.14所示。

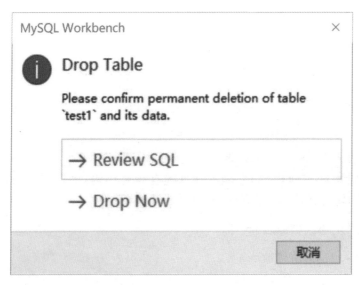

图3.14　"Drop Table"对话框

②如果单击"Review SQL"按钮,即显示"Review SQL Code to Execute"对话框,然后单击"Execute"按钮,则删除test1表,如图3.15所示。如果单击"Drop Now"按钮,则直接删除test1表。最后可以在"Navigator"中刷新后查看test1表是否存在。

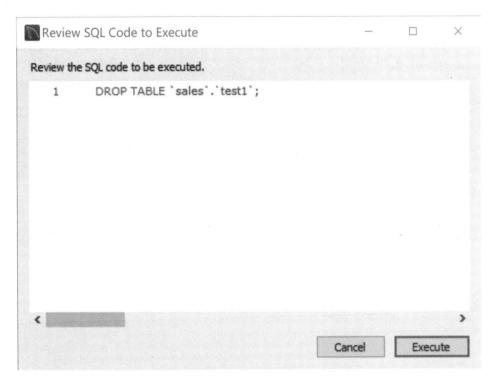

图3.15　"Review SQL Code to Execute"对话框

（2）使用SQL删除表test2

①在图标菜单中单击第一个图标 ，新建一个查询窗口。
②在查询窗口输入下面的SQL语句：

```
DROP TABLE test2;
```

③单击工具栏中的　图标或者按下快捷键"Ctrl+Enter"，执行上面的SQL语句。观察"Output"输出区域面板，如果提示信息前有绿色小钩，则说明语句执行成功。在"Navigator"中刷新后查看test2表是否存在。

习　题

针对数据库library（表结构和内容见附录）进行下面的实验。
1.使用图形界面工具在library数据库下创建读者关系reader。
2.使用SQL在library数据库下创建图书关系book和借书关系borrow，并将SQL语句保存为脚本文件。
3.使用SQL语句复制reader表结构创建数据表readcopy，复制book表结构创建数据表bookcopy。
4.使用图形界面工具修改bookcopy表的结构，增加publisher列，数据类型：CHAR，长度:50,允许空否:NULL,修改 bauthor 列的数据类型为 VARCHAR,长度为 80。

5.使用 SQL 向 readcopy 表增加电子信箱 email 列。列名:email,数据类型:CHAR,长度:40,允许空否:NOT NULL。

6.使用 SQL 修改 readcopy 表中电子信箱 email 列,修改后数据类型:CHAR,长度:20,允许空否:NULL。

7.使用 SQL 修改 readcopy 表中 email 列名为 email_1,数据类型为 CHAR(20)。

8.使用 SQL 设置 readcopy 表中 rage 列的默认值为 0。

9.使用 SQL 删除 readcopy 表中电子信箱 email_1 列。

10.使用 SQL 修改 readcopy 表的名称为 readercopy。

11.使用 SQL 删除数据表 readercopy。

12.用图形界面工具删除 bookcopy 表。

实验 4
数据操作 ⚬⚬⚬⚬⚬⚬⚬⚬⚬⚬⚬⚬⚬⚬⚬⚬⚬⚬⚬⚬⚬⚬⚬⚬⚬⚬⚬⚬⚬⚬⚬⚬⚬ ◎

在数据库中创建表,只是建立了表结构,里面还没有数据。用户可以使用加载数据语句或插入元组操作来录入数据。数据录入后就可以对表中的数据进行查询、修改、删除等操作了。

【实验目的】

①掌握各种录入数据至表的方法。
②掌握修改表中数据的方法。
③掌握复制数据表(包含结构和数据)的方法。
④掌握删除表中行的方法。

【知识要点】

(1)加载数据的语法格式

```
LOAD DATA
    [LOW_PRIORITY | CONCURRENT] [LOCAL]
    INFILE 'file_name'
    [REPLACE | IGNORE]
    INTO TABLE tbl_name
    [PARTITION (partition_name [, partition_name] ...)]
    [CHARACTER SET charset_name]
    [{FIELDS | COLUMNS}
        [TERMINATED BY 'string']
        [[OPTIONALLY] ENCLOSED BY 'char']
        [ESCAPED BY 'char']
    ]
    [LINES
        [STARTING BY 'string']
        [TERMINATED BY 'string']
    ]
    [IGNORE number {LINES | ROWS}]
    [(col_name_or_user_var
```

```
        [, col_name_or_user_var] ...)]
    [SET col_name = {expr | DEFAULT}
        [, col_name = {expr | DEFAULT}] ...]
```

LOAD DATA语句会以非常高的速度将文本文件中的行读入表中。如果要将表中的数据写入文件,请使用 SELECT ... INTO OUTFILE。

LOAD DATA语句中关键字解释如下:

[LOW_PRIORITY | CONCURRENT] [LOCAL]:如果指定关键词 LOW_PRIORITY, LOAD DATA 会在其他线程完成之后再操作,但只对那些采用了表级别锁的引擎(如 MyISAM)有影响,因为 InnoDB 使用的是行锁,所以不受影响。若指定关键词 CONCURRENT,LOAD DATA 会和其他线程同时进行操作,这个对性能是有一些影响。LOCAL 是个非常重要的关键字,指明了文件的位置,也会影响到 LOAD DATA 命令对错误数据的处理方式。如果指定了 LOCAL,则表示文件位于客户端,数据从客户端读取,会在服务端的临时目录下创建一份文件的拷贝,建议使用绝对路径,又因为涉及数据传输,所以这种方式会相对慢一些。当某条数据处理有误时,系统把这个错误记录为一个警告,不会影响下一条数据的处理;如果没有指定,则表示文件在服务器端,倘若文件名使用的是相对路径,那么又可以分为两种情况:一种是文件名前没有相对目录,则直接在默认数据库的data目录下查找;另一种是指定了相对目录,则从服务器的data目录下寻找。在处理过程中,如果遇到错误就不会继续执行。

[REPLACE | IGNORE]:当前的数据跟表中的数据有唯一性冲突的时候,如果指定了 REPLACE,则替换已有值,如果指定了 IGNORE,则忽略当前值。当这两种方式都未指定时,如果数据来自客户端,则重复的数据会被忽略;如果数据来源服务端,则命令会终止执行。

PARTITION:指定具体的分区。

CHARACTER SET:指定字符集。

FIELDS 关键字指定了文件字段的分割格式,如果用到这个关键字,则至少有下面的一个选项:

• TERMINATED BY 描述字段的分隔符,默认情况下是tab字符(\t)。

• ENCLOSED BY 描述的是字段的括起字符。

• ESCAPED BY 描述的转义字符,默认的是反斜杠(backslash:\ )。

LINES 关键字指定了每条记录的分隔符默认为'\n'即为换行符。

IGNORE number LINES:忽略特定行数,文本文件则可以忽略掉第一行标题。

(2)插入行的语法格式

```
INSERT [LOW_PRIORITY | DELAYED | HIGH_PRIORITY] [IGNORE]
    [INTO] tbl_name
    [PARTITION (partition_name [, partition_name] ...)]
    [(col_name [, col_name] ...)]
    { {VALUES | VALUE} (value_list) [, (value_list)] ... }
```

```
    [AS row_alias[(col_alias [, col_alias] ...)]]
    [ON DUPLICATE KEY UPDATE assignment_list]

INSERT [LOW_PRIORITY | DELAYED | HIGH_PRIORITY] [IGNORE]
    [INTO] tbl_name
    [PARTITION (partition_name [, partition_name] ...)]
    SET assignment_list
    [AS row_alias [(col_alias [, col_alias] ...)]]
    [ON DUPLICATE KEY UPDATE assignment_list]

INSERT [LOW_PRIORITY | HIGH_PRIORITY] [IGNORE]
    [INTO] tbl_name
    [PARTITION (partition_name [, partition_name] ...)]
    [(col_name [, col_name] ...)]
    {SELECT ...
      | TABLE table_name
      | VALUES row_constructor_list
    }
    [ON DUPLICATE KEY UPDATE assignment_list]

value:
    {expr | DEFAULT}

value_list:
    value [, value] ...

row_constructor_list:
    ROW (value_list) [, ROW (value_list)] [, ...]

assignment:
    col_name =
          value
        | [row_alias.] col_name
        | [tbl_name.] col_name
        | [row_alias.] col_alias

assignment_list:
    assignment [, assignment] ...
```

(3)修改表数据的语法格式

```
UPDATE [LOW_PRIORITY] [IGNORE] table_reference
    SET assignment_list
    [WHERE where_condition]
    [ORDER BY ...]
    [LIMIT row_count]


value:
    {expr | DEFAULT}


assignment:
    col_name = value


assignment_list:
    assignment [, assignment] ...
```

(4)删除行的语法格式

```
DELETE [LOW_PRIORITY] [QUICK] [IGNORE] FROM tbl_name [[AS] tbl_alias]
    [PARTITION (partition_name [, partition_name] ...)]
    [WHERE where_condition]
    [ORDER BY ...]
    [LIMIT row_count]
```

(5)删除表中全部数据的语法格式

```
TRUNCATE [TABLE] tbl_name
```

实验4.1 录入数据至表

【实验目的】

①掌握使用MySQL Workbench的导入向导功能把CSV文件的数据导入表中。
②掌握使用MySQL Workbench的图形界面工具录入数据到表中。
③掌握使用SQL中的INSERT INTO语句插入数据到表中。
④掌握使用SQL中的LOAD DATA语句加载数据到表中。

【实验内容】

① 利用 MySQL Workbench 的 导 入 向 导 功 能 把 products.csv 中 的 数 据 导 入 表 products中。

②使用MySQL Workbench的图形界面工具录入数据至表customers。

③使用INSERT INTO语句插入数据至表agents中。

④使用LOAD DATA语句加载数据至表orders中。

说明:数据库sales包含4个关系表,表的内容见附录的表14.1—表14.4。

【实验步骤】

(1)用图形界面工具导入数据

利用MySQL Workbench的导入向导功能,将products.csv中的数据导入表products中。

①启动Excel编辑products.xls数据文件,如图4.1所示。

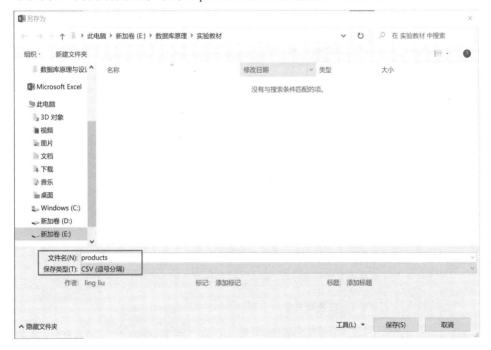

图4.1 Excel格式的products.xls数据文件

② 选择菜单命令"文件"→"另存为",将Excel文件另存为CSV格式的文件(图4.2),CSV默认为逗号分隔,用记事本打开products.csv文件,如图4.3所示。

图4.2 将Excel文件另存为CSV格式的文件

products - 记事本

文件(F) 编辑(E) 格式(O) 查看(V) 帮助(H)

pid,pname,city,quantity,price
p01,comb,Dallas,111400,0.5
p02,brush,Newark,203000,0.5
p03,razor,Duluth,150600,1
p04,pen,Duluth,125300,1
p05,pencil,Dallas,221400,1
p06,folder,Dallas,123100,2
p07,case,Newark,100500,1

图4.3 用记事本打开products.csv文件

③启动MySQL Workbench,连接MySQL服务器,显示"MySQL Workbench"界面。

④在界面左侧"Navigator"导航栏的"Schemas"选项页中依次展开节点"sales"→"Tables",右击表"products",在快捷菜单中选择"Table Data Import Wizard",如图4.4所示。

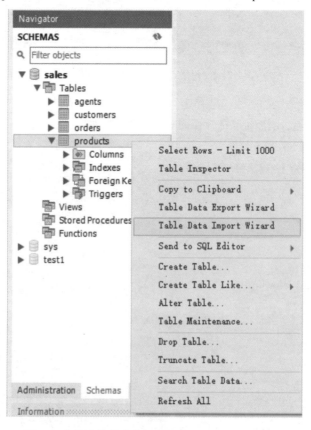

图4.4 在快捷菜单中选择"Table Data Import Wizard"

⑤显示"Table Data Import"对话框,单击"Browse..."按钮,选择之前保存的products.csv文件,如图4.5所示,然后单击"Next >"按钮。

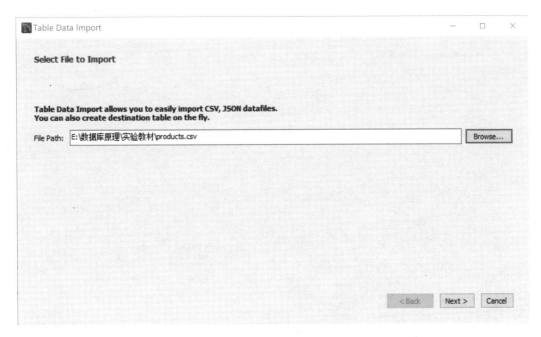

图4.5 "Table Data Import"对话框

⑥ 显示"Select Destination"页，确认选择"Use existing table"，文本栏为"sales.products"，如图4.6所示，然后单击"Next >"按钮。

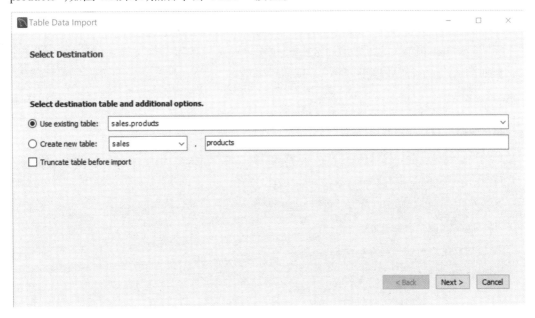

图4.6 "Select Destination"页

⑦显示"Configure Import Settings"页，如图4.7所示，单击"Next >"按钮。

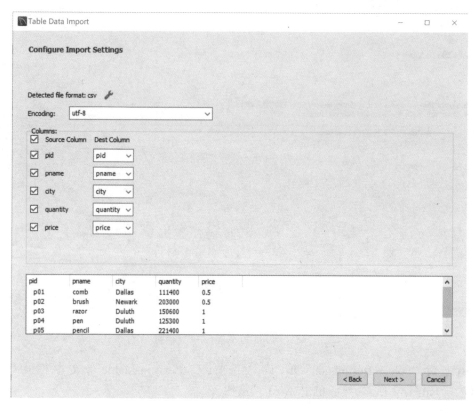

图4.7 "Configure Import Settings"页

⑧显示"Import Data"页,如图4.8所示,单击"Next >"按钮。如果导入的数据文件成功执行,如图4.9所示,然后单击"Next >"按钮。

图4.8 "Import Data"页

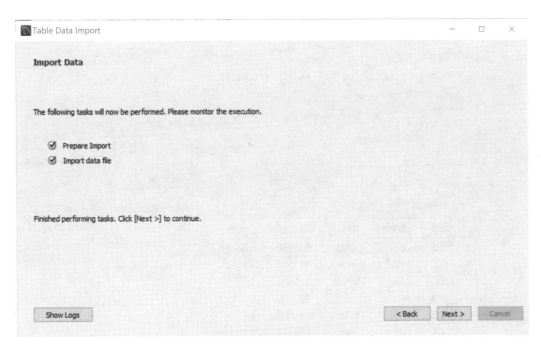

图4.9 "Import Data"页——导入数据文件成功

⑨显示"Import Results"页,如图4.10所示,单击"Finish"按钮。

图4.10 "Import Results"页

⑩查看导入结果。在界面左侧的"Navigator"导航栏的"Schemas"选项页中依次展开节点"sales"→"Tables",右击"products",在快捷菜单中选择"Select Rows-Limit 1000"选项,在查询窗口中显示products表的数据内容,并与products.csv中的数据进行对照,如图4.11所示。

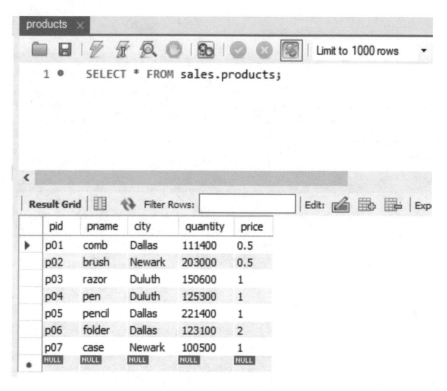

图4.11　查看导入结果

（2）在图形界面工具中录入数据

在 MySQL Workbench 中，录入相关的数据至表customers 中。

①在界面左侧的"Navigator"导航栏的"Schemas"选项页中依次展开节点"sales"→
"Tables"，右击表"customers"，在快捷菜单中选择"Select Rows-Limit 1000"选项，在"Result
Grid"窗口中显示 customers 表的数据内容，此时数据表内容为空。

②在打开的空的数据表中，录入相关数据到表customers 中，如图4.12所示。

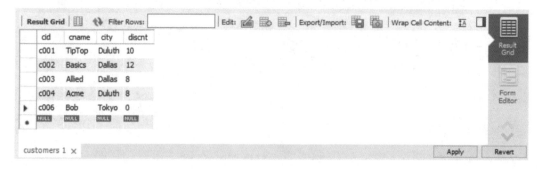

图4.12　录入相关数据到表customers

③数据全部录入结束后，单击"Apply"按钮，显示"Apply SQL Script to Database"对话
框，如图4.13所示。继续单击"Apply"按钮，在下一个对话框（图4.14）中单击"Finish"按
钮，将数据保存数据表，操作完成。

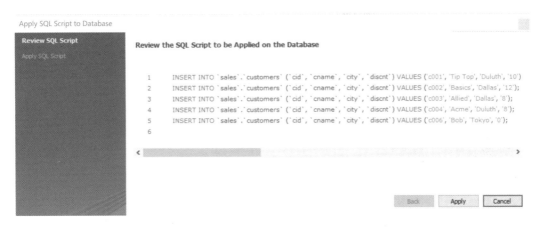

图4.13 "Apply SQL Script to Database"对话框1

图4.14 "Apply SQL Script to Database"对话框2

(3)使用INSERT INTO语句插入数据

使用INSERT INTO语句将所有需要的数据插入至表agents中。

①在图标菜单中单击第一个图标 ，新建一个查询窗口。

②在查询窗口输入下面的SQL语句，插入记录到agents表。

```
INSERT INTO agents VALUES ('a01', 'Smith', 'New York', 6);
INSERT INTO agents (aid, aname, city, percent)
VALUES ('a02', 'Jones', 'Newark', 6), ('a03', 'Brown', 'Tokyo',
7), ('a04', 'Gray', 'New York', 6);
INSERT INTO agents VALUES ROW ('a05', 'Otasi', 'Duluth', 5),
ROW ('a06', 'Tom', 'Dallas', 5);
```

③单击工具栏中的 图标或者按下快捷键"Ctrl+Enter"，执行上面的SQL语句。观察"Output"输出区域面板，如果提示信息前均为绿色小钩，则说明3条语句均执行成功，如图4.15所示。

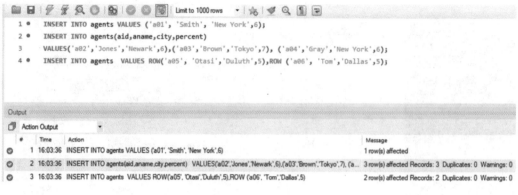

图4.15　语句执行成功

④查询agents表的内容,最后结果如图4.16所示。

aid	aname	city	percent
a01	Smith	New York	6
a02	Jones	Newark	6
a03	Brown	Tokyo	7
a04	Gray	New York	6
a05	Otasi	Duluth	5
a06	Tom	Dallas	5
NULL	NULL	NULL	NULL

图4.16　agents表的数据

(4)使用LOAD DATA语句导入数据

使用LOAD DATA语句将数据导入表orders 中。

①启动Excel编辑orders.xls数据文件,如图4.17所示。

	A	B	C	D	E	F	G
1	ordno	month	cid	aid	pid	qty	dollars
2	1011	jan	c001	a01	p01	1000	450
3	1012	jan	c001	a01	p01	1000	450
4	1013	jan	c002	a03	p03	1000	880
5	1017	feb	c001	a06	p03	600	540
6	1018	feb	c001	a03	p04	600	540
7	1019	feb	c001	a02	p02	400	180
8	1022	mar	c001	a05	p06	400	720
9	1023	mar	c001	a04	p05	500	450
10	1025	apr	c001	a05	p07	800	720
11	1026	mar	c002	a05	p03	800	704

图4.17　Excel格式的orders.xls数据文件

②将Excel文件另存为文本文件(制表符分隔),最好保存在英文路径下,如图4.18所

示。然后用记事本打开orders.txt文件，如图4.19所示。

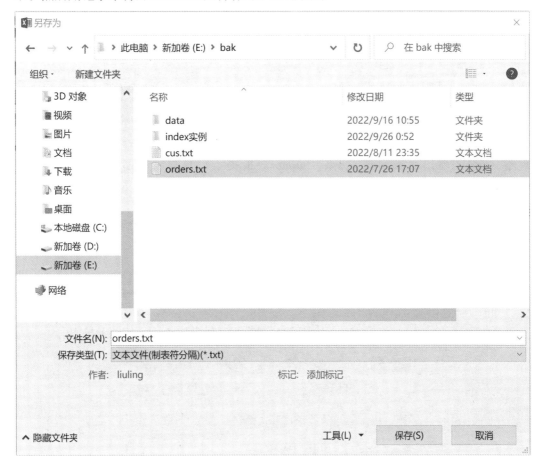

图4.18 将Excel文件另存为文本文件（制表符分隔）

```
orders - 记事本
文件(F) 编辑(E) 格式(O) 查看(V) 帮助(H)
ordno    month    cid     aid     pid     qty      dollars
1011     jan      c001    a01     p01     1000     450
1012     jan      c001    a01     p01     1000     450
1013     jan      c002    a03     p03     1000     880
1017     feb      c001    a06     p03     600      540
1018     feb      c001    a03     p04     600      540
1019     feb      c001    a02     p02     400      180
1022     mar      c001    a05     p06     400      720
1023     mar      c001    a04     p05     500      450
1025     apr      c001    a05     p07     800      720
1026     mar      c002    a05     p03     800      704
```

图4.19 用记事本打开orders.txt文件

③在图标菜单中单击第一个图标 ，新建一个查询窗口。

④在查询窗口输入下面的SQL语句：

```
LOAD DATA INFILE 'E:\\bak\\orders.txt'
INTO TABLE orders
FIELDS TERMINATED BY '\t'
LINES TERMINATED BY '\n'
IGNORE 1 LINES;
```

⑤单击工具栏中的 ⚡ 图标或者按下快捷键"Ctrl+Enter"，执行上面的SQL语句。观察"Output"输出区域面板，如果"Output"面板提示信息显示"Error Code：1290. The MySQL server is running with the --secure-file-priv option so it cannot execute this statement"，则说明语句未执行成功，将需要执行步骤⑥—⑧。

⑥另建一个SQL查询窗口，输入图4.20的SQL语句，执行后显示全局变量 secure_file_priv 的值。

- 如果 secure_file_priv 为 NULL，则表示 MySQL 不允许导入或导出。
- 如果 secure_file_priv 为某个目录，则表示 MySQL 限制只能在该目录中执行导入导出，其他目录不能执行。
- 如果 secure_file_priv 没有值，则表示 MySQL 不限制在任意目录的导入导出。

图4.20 显示全局变量secure_file_priv的值

⑦修改全局变量 secure_file_priv 的值。在"C:/ProgramData/MySQL/MySQL Server 8.0"下找到my.ini文件(图4.21)，使用记事本打开该文件编辑，注释掉原"secure_file_priv"行，新增"secure_file_priv=" ""，如图4.22所示，保存该文件，如果保存时提示的信息如图4.23所示，则先将此文件保存到其他文件夹，再复制并覆盖原目录下my.ini文件。

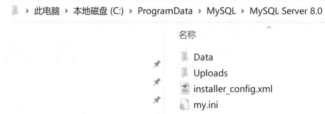

图4.21 my.ini文件位置

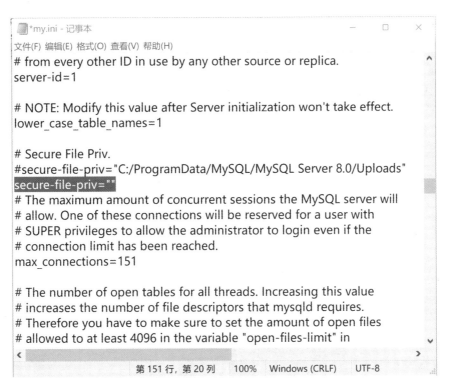

图4.22 记事本编辑my.ini文件

图4.23 保存时提示信息

⑧重新启动 MySQL 服务。右击"我的电脑(计算机)"图标,在快捷菜单中选择"管理",在"计算机管理"对话框中单击左边"服务和应用程序"→"服务",在显示的服务中找到"MySQL80"服务,再次右击并在弹出菜单中选择"重新启动"选项,重新启动 MySQL 服务,如图4.24所示。

⑨重新启动 MySQL Workbench,重新执行步骤④的语句。

⑩如果在"Output"输出区域面板中提示信息显示"Error Code:1330.Invalid utf8mb4 character string:'? '",则说明语句仍未执行成功,需要执行步骤⑪。

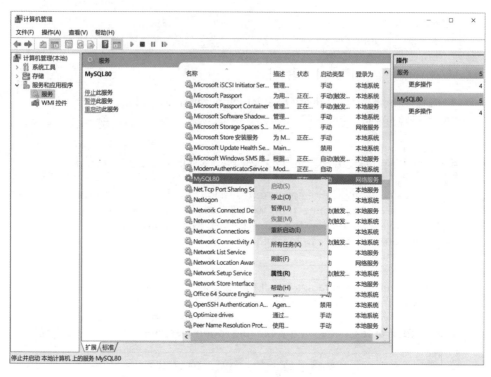

图4.24　重新启动MySQL服务

⑪修改orders.txt的编码为"UTF-8"。记事本打开orders.txt,选择菜单"文件"→"另存为",在"另存为"对话框,选择编码为"UTF-8",如图4.25所示,然后单击"保存"按钮。

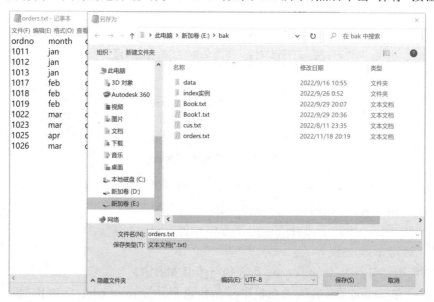

图4.25　修改orders.txt的编码

⑫重新执行步骤④的语句。观察"Output"输出区域面板,如果提示信息前为绿色小钩,则表示语句执行成功。如果发现提示信息前有黄色三角报警信息,比如显示"10 row （s）affected，10 warning（s）：1265 Data truncated for column ′dollars′ at row 1 …… Records：10 Deleted：0 Skipped：0 Warnings：10"，则说明语句虽然执行成功，但存在1265编号的报警信息，′dollars′字段的数据被截断，可以忽略该报警。

⑬查看导入结果。在界面左侧的"Navigator"导航栏的"Schemas"选项页，依次展开节点"sales"→"Tables"，右击表"orders"，在快捷菜单中选择"Select Rows-Limit 1000"选项，在查询窗口中显示orders表的数据内容，如图4.26所示，并与orders.txt中的数据对照。

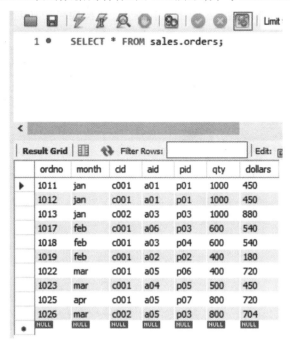

图4.26　导入orders表的数据

实验4.2　修改表的内容

【实验目的】

①掌握使用图形界面工具修改表中数据。
②掌握使用SQL语句修改表中数据。

【实验内容】

①使用图形界面工具修改表agents中的数据，把代理商a01的佣金percent值改成8。
②使用SQL语句修改表agents中的数据，把代理商a01的佣金percent值改成6。

【实验步骤】

（1）使用图形界面工具修改表中数据

修改表 agents 中的数据，把代理商 a01 的佣金 percent 值改成8。

①打开表 agents。在界面左侧的"Navigator"导航栏的"Schemas"选项页，依次展开节点"sales"→"Tables"，光标指向表"agents"并右击，在快捷菜单中选择"Select Rows-Limit 1000"选项，在"Result Grid"窗口中显示 agents 表的内容。

②光标定位至表中"a01"行的"percent"字段，直接将值修改为"8"，光标移至表中的其他行左击，"Result Grid"窗口右下方的"Apply"按钮亮显，如图4.27所示。

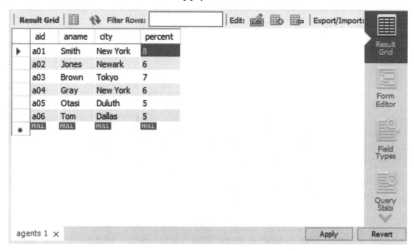

图4.27　修改后的表 AGENTS

③单击"Apply"按钮，显示"Apply SQL Script to Database"对话框，如图4.28所示，单击"Apply"按钮，在下一个对话框中，单击"Finish"按钮，保存数据表，操作完成。

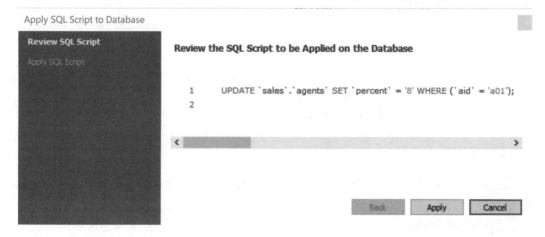

图4.28　"Apply SQL Script to Database"对话框

(2)使用SQL语句修改表中数据

修改表agents中的数据,把代理商a01的佣金percent值改为6。

①在图标菜单中单击第一个图标 ,新建一个查询窗口。

②在查询窗口输入下面的SQL语句:

```
UPDATE agents SET percent = 6 WHERE aid= 'a01';
```

③单击工具栏中的 图标或者按下快捷键"Ctrl+Enter",执行上面的SQL语句。观察"Output"输出区域面板,如果提示信息前有绿色小钩,则说明语句执行成功,查看agents表的内容是否修改。

实验4.3　复制表内容

【实验目的】

掌握使用SQL语句复制表结构和表内容。

【实验内容】

①使用SQL语句复制表customers生成一个新表cus_bak,新表与老表结构相同,但不包括键和索引等,数据相同。

②使用SQL语句复制表agents生成一个新表agent_bak,新表与老表结构相同,包括键和索引等,新表的内容为居住在"New York"的所有代理商的信息。

【实验步骤】

(1)使用SQL语句复制表customers

将表customers复制生成一个新表cus_bak,新表与老表结构相同,但不包括键和索引等,数据相同。

①在图标菜单中单击第一个图标 ,新建一个查询窗口。

②在查询窗口输入下面的SQL语句:

```
CREATE TABLE cus_bak SELECT * FROM customers;
```

③单击工具栏中的 图标或者按下快捷键"Ctrl+Enter",执行上面的SQL语句。观察"Output"输出区域面板,如果提示信息前有绿色小钩,则说明语句执行成功。

④查看cus_bak表和customers表的结构和内容是否相同。

(2)使用SQL语句复制表agents

将表agents复制生成一个新表agent_bak,新表与老表结构相同,包括键和索引等,新表的内容为居住在"New York"的所有代理商的信息。

①在图标菜单中单击第一个图标 ,新建一个查询窗口。

②在查询窗口输入下面的SQL语句:

```
CREATE TABLE agent_bak LIKE agents;
INSERT INTO agent_bak SELECT * FROM agents WHERE city = 'new york';
```

③单击工具栏中的 图标或者按下快捷键"Ctrl+Enter",执行上面的SQL语句。观察"Output"输出区域面板,如果提示信息前有绿色小钩,则说明语句执行成功。

④查看agent_bak表和agents表的结构是否相同,内容是否为居住在"New York"的所有代理商的信息。

实验4.4 删除表的内容

【实验目的】

掌握使用SQL删除表中数据。

【实验内容】

①使用SQL删除表cus_bak中的顾客cid为"c001"的行。
②使用SQL删除表agent_bak中的所有数据。

【实验步骤】

(1)使用SQL删除表cus_bak中数据

将表cus_bak中的顾客cid为"c001"的行删除。

①在图标菜单中单击第一个图标 ,新建一个查询窗口。

②在查询窗口输入下面的SQL语句:

```
DELETE FROM cus_bak WHERE cid = 'c001';
```

③单击工具栏中的 图标或者按下快捷键"Ctrl+Enter",执行上面的SQL语句。观察"Output"输出区域面板,如果提示信息前有绿色小钩,则说明语句执行成功。

④如果语句执行不成功,显示提示信息为"Error Code: 1175. You are using safe update mode and you tried to update a table without a WHERE that uses a KEY column. To disable safe mode, toggle the option in Preferences -> SQL Editor and reconnect.",则说明系统在使

用安全更新模式。

⑤关闭安全更新模式。依次单击菜单命令"Edit"→"preference",显示"Workbench Preferences"对话框,单击左侧"SQL Editor",在"Other"部分取消复选框"Safe Updates",单击"OK"按钮,如图4.29所示。

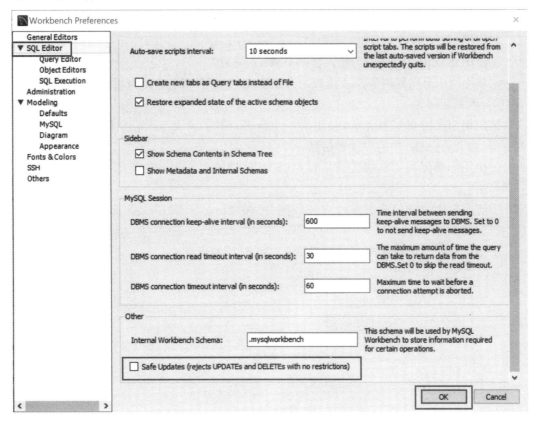

图4.29 "Workbench Preferences"对话框

⑥重启 MySQL Workbench,重新执行步骤②和③。查看 cus_bak 表中是否还有 cid 为 "c001"的顾客信息。

(2)使用SQL删除表agent_bak中所有数据

①在图标菜单中单击第一个图标 ,新建一个查询窗口。

②在查询窗口输入下面的SQL语句:

```
DELETE FROM agent_bak;
或者
TRUNCATE TABLE agent_bak;
```

③单击工具栏中的 图标或者按下快捷键"Ctrl+Enter",执行上面的SQL语句。观察 "Output"输出区域面板,如果提示信息前有绿色小钩,则说明语句执行成功。

④查询表agent_bak,观察表是否还有数据。

习 题

针对数据库library(表结构和内容见附录)进行下面的实验。

1.利用MySQL Workbench的导入向导把reader.xls中的数据导入表reader中。

2.使用LOAD DATA语句加载数据至表book中。

3.使用INSERT INTO语句插入数据至表borrow中。

4.使用SQL语句复制表book生成一个新表test1,新表与老表结构相同,但不包括键和索引等,数据相同。

5.使用SQL语句复制表reader生成一个新表test2。新表与老表结构相同,包括键和索引等,内容为reader中的男读者信息。

6.使用图形界面工具修改表test2中的数据,把读者王小明的学历reducation值改成"本科"。

7.使用SQL语句修改表test1中的数据,把编号bno为"B01"的图书的书名btitle值改成"算法基础"。

8.使用SQL语句删除表test1中编号bno为"B01"的记录。

9.使用SQL语句删除表test2中全部数据。

实验 5
数据查询

数据查询是数据库的核心操作,SQL语言提供了SELECT语句,让其对数据库中的数据进行查询。SELECT语句的主要功能是从数据库中检索行,并将查询结果以表格的形式返回。

【实验目的】

①掌握用SELECT语句进行简单查询。
②掌握用SELECT语句进行集合查询。
③掌握用SELECT语句进行连接查询。
④掌握用SELECT语句进行嵌套查询。

【知识要点】

(1)查询数据的语法格式

```
SELECT
    [ALL | DISTINCT | DISTINCTROW]
    [HIGH_PRIORITY]
    [STRAIGHT_JOIN]
    [SQL_SMALL_RESULT] [SQL_BIG_RESULT] [SQL_BUFFER_RESULT]
    [SQL_NO_CACHE] [SQL_CALC_FOUND_ROWS]
    select_expr [, select_expr] ...
    [into_option]
    [FROM table_references
        [PARTITION partition_list]]
    [WHERE where_condition]
    [GROUP BY {col_name | expr | position}, ... [WITH ROLLUP]]
    [HAVING where_condition]
    [WINDOW window_name AS (window_spec)
        [, window_name AS (window_spec)] ...]
    [ORDER BY {col_name | expr | position}
        [ASC | DESC], ... [WITH ROLLUP]]
    [LIMIT {[offset,] row_count | row_count OFFSET offset}]
```

```
    [into_option]
    [FOR {UPDATE | SHARE}
        [OF tbl_name [, tbl_name] ...]
        [NOWAIT | SKIP LOCKED]
      | LOCK IN SHARE MODE]
    [into_option]

into_option: {
    INTO OUTFILE 'file_name'
        [CHARACTER SET charset_name]
        export_options
  | INTO DUMPFILE 'file_name'
  | INTO var_name [, var_name] ...
    }
table_references:
    escaped_table_reference [, escaped_table_reference] ...

escaped_table_reference: {
    table_reference
  | {OJ table_reference}
}

table_reference: {
    table_factor
  | joined_table
}

table_factor: {
    tbl_name [PARTITION (partition_names)]
        [[AS] alias] [index_hint_list]
  | [LATERAL] table_subquery [AS] alias [(col_list)]
  | (table_references)
}

joined_table: {
    table_reference  {[INNER | CROSS] JOIN | STRAIGHT_JOIN}
table_factor [join_specification]
  | table_reference {LEFT|RIGHT} [OUTER] JOIN table_reference
join_specification
```

```
  | table_reference NATURAL [INNER | {LEFT|RIGHT} [OUTER]] JOIN
table_factor
}

join_specification: {
    ON search_condition
  | USING (join_column_list)
}

join_column_list:
    column_name [, column_name] ...

index_hint_list:
    index_hint [, index_hint] ...

index_hint: {
    USE {INDEX|KEY}
      [FOR {JOIN|ORDER BY|GROUP BY}] ([index_list])
  | {IGNORE|FORCE} {INDEX|KEY}
      [FOR {JOIN|ORDER BY|GROUP BY}] (index_list)
}

index_list:
    index_name [, index_name] ...
```

说明：

SELECT用于检索从一个或多个表中选择的行，可以包括UNION语句和子查询。

SELECT语句中常用的子句：

①每个select_expr表示要检索的列，必须至少有一个select_expr。

②table_references表示要从中检索行的一个或多个表。

一些常用连接示例如下：

◇ SELECT * FROM table1, table2;

其中table1和table2做乘法运算。

◇ SELECT * FROM table1 INNER JOIN table2 ON table1.id = table2.id;

其中table1和table2做内连接，也称为自然连接。

◇ SELECT * FROM table1 LEFT JOIN table2 ON table1.id = table2.id;

其中table1和table2做左外连接。

◇ SELECT * FROM table1 LEFT JOIN table2 USING (id);

其中 table1 和 table2 做左外连接。

◇ SELECT * FROM table1 LEFT JOIN table2 ON table1.id = table2.id LEFT JOIN table3 ON table2.id = table3.id;

其中 table1 和 table2 做左外连接后,再与 table3 做左外连接。

◇ SELECT * FROM table1 RIGHT JOIN table2 ON table1.id = table2.id;

其中 table1 和 table2 做右外连接。

◇ SELECT * FROM table1 CROSS JOIN table2;

其中 table1 和 table2 做交叉连接,即乘法运算。

③where_condition 是一个表达式,对于要选择的每行,其计算结果为 true。如果没有该子句,则选择所有行。在 where_condition 表达式中,可以使用 MySQL 支持的任何函数和运算符,但聚合函数除外。

④SELECT 还可用于检索在不引用任何表的情况下计算行。

⑤如果有 GROUP BY 子句,则将查询结果按 group_by_expression 的值进行分组,属性列值相等的元组为一组,每个组产生的结果为表中的一条记录。通常在每组中使用聚合函数,分组的附加条件用 HAVING 短语给出,只有满足指定条件的组才予以输出。

⑥如果有 ORDER BY 子句,查询结果则要按 order_expression 的值的升序或降序排序。

⑦LIMIT 子句限制查询结果的行数。

语法格式为:[LIMIT {[offset,] row_count | row_count OFFSET offset}]

offset 指定查询结果的第一行的偏移量,默认为 0,表示查询结果的第 1 行,row_count 指定查询结果的行数。

⑧into_option:允许将查询结果存储在变量中或写入文件。

SELECT … INTO var_name 选择列值并将其存储到变量中。

SELECT … INTO OUTFILE 将选定的行写入文件,可以指定列和行终止符以生成特定的输出格式,也可用 LOAD DATA …INFILE 语句恢复数据。

SELECT … INTO DUMPFILE 将单行写入文件而不设置任何格式。

⑨聚合函数对一组值进行计算,并返回单个值。为了进一步方便用户,增强检索功能,SQL 提供了许多聚合函数,常用的聚合函数功能如下:

- COUNT([ALL | DISTINCT]*|〈列名〉):统计元组个数或一列中值的个数。
- SUM([ALL | DISTINCT]〈列名〉):计算一列值的总和(此列必须是数值型),空值将被忽略。
- AVG([ALL | DISTINCT]〈列名〉):计算一列值的平均值(此列必须是数值型),空值将被忽略。
- MAX([ALL | DISTINCT]〈列名〉):求一列值中的最大值,空值将被忽略。
- MIN([ALL | DISTINCT]〈列名〉):求一列值中的最小值,空值将被忽略。

聚合函数经常与 SELECT 语句的 GROUP BY 子句一起使用。聚合函数只能在以下

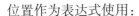
位置作为表达式使用:

- SELECT 语句的选择列表(子查询或外部查询)。

- HAVING 子句。

⑩常用的查询条件,使用SELECT语句中的WHERE子句,可以选择满足条件的全部或部分元组。WHERE子句可以使用的条件表达式见表5.1。

表5.1　常用的查询条件

查询条件	谓词
比较	=(等于),<=>(等于,可以与NULL比较),<(小于),>(大于),>=(大于等于),<=(小于等于),!=或<>(不等于)
确定范围	BETWEEN AND(介于两者之间),NOT BETWEEN AND(不介于两者之间)
确定集合	IN(在其中),NOT IN(不在其中)
字符匹配	LIKE(匹配),NOT LIKE(不匹配)
空值	IS NULL(是空值),IS NOT NULL(不是空值)
多重条件	AND(与),OR(或),NOT(非)

(2)查询分类

查询可以分为简单查询、集合查询、连接查询和嵌套查询。

①简单查询是指在数据库中仅涉及一个表的查询。

②集合查询是指多个SELECT语句的结果可进行集合操作。MySQL中只支持集合并(UNION)操作,不支持集合交(INTERSECT)和差(EXCEPT)操作。

集合并语句格式:

```
SELECT ...
UNION [ALL | DISTINCT] SELECT ...
[UNION [ALL | DISTINCT] SELECT ...]
```

③连接查询是指一个查询同时涉及两个以上的表,是关系数据库中最主要的查询。主要包括等值连接查询、非等值连接查询、自身连接查询、外连接查询和复合条件连接查询。

连接查询可由WHERE子句中的连接条件实现,其格式通常为:

```
SELECT select_expr1,select_expr2 …
FROM table1,table2…
WHERE where_condition1 AND where_condition2 …;
```

④在SQL语言中,一个SELECT-FROM-WHERE语句称为一个查询块。将一个查询块嵌套在另一个查询块的WHERE子句或HAVING短语的条件中的查询称为嵌套查询。SQL语言允许多层嵌套查询,通常可以使用谓词IN或NOT IN、量化比较谓词θ ANY或θ ALL以及EXISTS或NOT EXISTS进行嵌套查询。

实验 5.1　简单查询

【实验目的】

①掌握单表查询。
②掌握带查询条件的查询。
③掌握模糊查询。
④掌握使用聚合函数的查询。
⑤掌握分组查询。

【实验内容】

(1)单表查询

①查询 customers 表中的所有信息。
②查询 customers 表中从第 2 位顾客开始的 3 位顾客的信息。
③查询订货记录中所有产品的 pid,保证 pid 的唯一性。

(2)带查询条件的查询

查询居住在纽约的代理商的 aid 值和名字。

(3)模糊查询

①查询 cname 值以字母"A"开始的顾客的所有信息。
②查询 cname 值的第三个字母不等于"%"的顾客的 cid 值。

(4)使用聚合函数的查询

①查询所有订货交易的总金额。
②查询有顾客居住的城市数。

(5)分组查询

①查询每种产品的订购总量。
②查询满足条件为代理商所订购的某种产品的总量超过 100 的产品 ID、代理商 ID 和总量。
③查询被至少两个顾客订购的所有产品的 pid 值。

【实验步骤】

(1)查询表中所有信息

查询 customers 表中的所有信息。

①在图标菜单中单击第一个图标，新建一个查询窗口。

②在查询窗口输入下面的SQL语句：

```
SELECT * FROM customers;
```

③单击工具栏中的 图标或者按下快捷键"Ctrl+Enter"，执行上面的SQL语句。观察"Output"输出区域面板，如果提示信息前有绿色小钩，则说明语句执行成功，结果如图5.1所示。

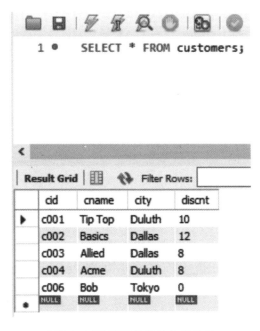

图5.1 查询所有信息的执行结果

（2）查询表中若干行

查询customers表中从第2位顾客开始的3位顾客的信息。

①在图标菜单中单击第一个图标，新建一个查询窗口。

②在查询窗口输入下面的SQL语句：

```
SELECT * FROM customers LIMIT 1,3;
```

③单击工具栏中的图标 或者按下快捷键"Ctrl+Enter"，执行上面的SQL语句。观察"Output"输出区域面板，如果提示信息前有绿色小钩，则说明语句执行成功，结果如图5.2所示。

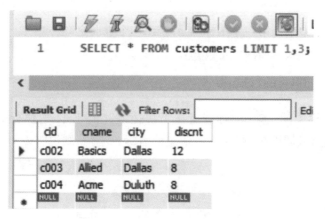

图5.2　查询部分行的执行结果

(3)查询不重复记录

查询订货记录中所有产品的pid,保证pid的唯一性(无重复行)。

①在图标菜单中单击第一个图标 ，新建一个查询窗口。
②在查询窗口输入下面的SQL语句:

```
SELECT DISTINCT pid FROM orders;
```

③单击工具栏中的图标 　 或者按下快捷键"Ctrl+Enter",执行上面的SQL语句。观察"Output"输出区域面板,如果提示信息前有绿色小钩,则说明语句执行成功,结果如图5.3所示。

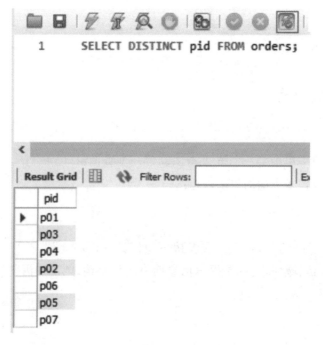

图5.3　使用DISTINCT短句的查询结果

(4)条件查询

查询居住在纽约的代理商的aid值和名字。

①在图标菜单中单击第一个图标 SQL⊕,新建一个查询窗口。

②在查询窗口输入下面的SQL语句:

```
SELECT aid, aname FROM agents
WHERE city = 'new york';
```

③单击工具栏中的图标 或者按下快捷键"Ctrl+Enter",执行上面的SQL语句。观察"Output"输出区域面板,如果提示信息前有绿色小钩,则说明语句执行成功,结果如图5.4所示。

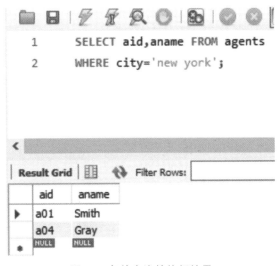

图5.4 条件查询的执行结果

(5)模糊查询

查询cname值以字母"A"开始的顾客的所有信息。

①在图标菜单中单击第一个图标 SQL⊕,新建一个查询窗口。

②在查询窗口输入下面的SQL语句:

```
SELECT * FROM customers
WHERE cname LIKE 'A%';
```

③单击工具栏中的图标 或者按下快捷键"Ctrl+Enter",执行上面的SQL语句。观察"Output"输出区域面板,如果提示信息前有绿色小钩,则说明语句执行成功,结果如图5.5所示。

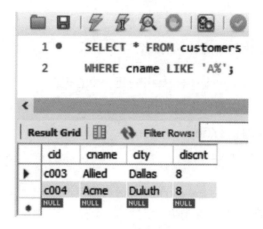

图5.5 模糊匹配的执行结果

（6）转义字符的使用

查询cname值的第三个字母不等于"%"的顾客的cid值。

①在图标菜单中单击第一个图标 ，新建一个查询窗口。
②在查询窗口输入下面的SQL语句：

```
SELECT cid FROM customers
WHERE cname NOT LIKE '__\%%';
或
SELECT cid FROM customers
WHERE cname NOT LIKE '__#%%' ESCAPE '#';
```

③单击工具栏中的 图标或者按下快捷键"Ctrl+Enter"，执行上面的SQL语句。
观察"Output"输出区域面板，如果提示信息前有绿色小钩，则说明语句执行成功。两种写法的执行结果分别如图5.6和图5.7所示。

图5.6 第一种写法的执行结果

图5.7 第二种写法的执行结果

说明：第一种写法中，"\"默认按照转义字符解析。第二种写法中，"#"符号随意写，ESCAPE '#'告诉解析器把"#"符号当转义字符解析。

(7)使用聚合函数计算数值列的和

查询所有订货交易的总金额。

①在图标菜单中单击第一个图标 ![SQL图标]，新建一个查询窗口。

②在查询窗口输入下面的SQL语句：

```sql
SELECT SUM(dollars) AS totaldollars
FROM orders;
```

③单击工具栏中的 ![闪电图标] 图标或者按下快捷键"Ctrl+Enter"，执行上面的SQL语句。观察"Output"输出区域面板，如果提示信息前有绿色小钩，则说明语句执行成功，结果如图5.8所示。

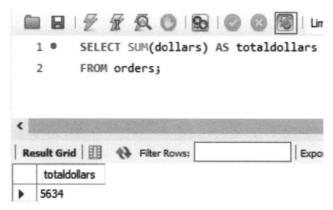

图5.8 求和查询的执行结果

(8)使用聚合函数计算查询结果的数目

查询有顾客居住的城市数。

①在图标菜单中单击第一个图标 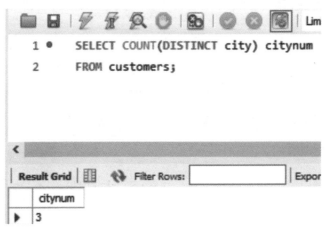,新建一个查询窗口。

②在查询窗口输入下面的SQL语句:

```
SELECT COUNT(DISTINCT city) citynum
FROM customers;
```

③单击工具栏中的 图标或者按下快捷键"Ctrl+Enter",执行上面的SQL语句。观察"Output"输出区域面板,如果提示信息前有绿色小钩,则说明语句执行成功,结果如图5.9所示。

图5.9 计算查询结果数目的执行结果

(9)分组查询

查询每种产品的订购总量。

①在图标菜单中单击第一个图标 ,新建一个查询窗口。

②在查询窗口输入下面的SQL语句:

```
SELECT pid, SUM(qty) total
FROM orders GROUP BY pid;
```

③单击工具栏中的 图标或者按下快捷键"Ctrl+Enter",执行上面的SQL语句。观察"Output"输出区域面板,如果提示信息前有绿色小钩,则说明语句执行成功,结果如图5.10所示。

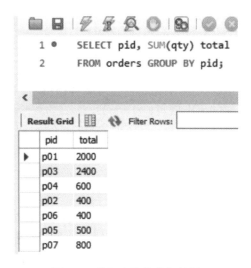

图5.10 分组查询的执行结果

(10)限定条件的分组查询一

查询满足条件为某个代理商所订购的某种产品的总量超过1 000的产品ID、代理商ID和总量。

①在图标菜单中单击第一个图标 ,新建一个查询窗口。

②在查询窗口输入下面的SQL语句:

```
SELECT aid, pid, SUM(qty) AS total
FROM orders
GROUP BY aid, pid
HAVING SUM(qty) > 1000;
```

③单击工具栏中的图标 或者按下快捷键"Ctrl+Enter",执行上面的SQL语句。观察"Output"输出区域面板,如果提示信息前有绿色小钩,则说明语句执行成功,结果如图5.11所示。

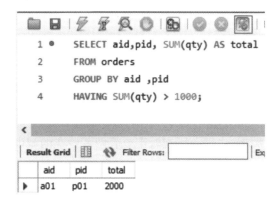

图5.11 限定条件的分组查询结果

(11)限定条件的分组查询二

查询被至少两个顾客订购的所有产品的pid值。

①在图标菜单中单击第一个图标 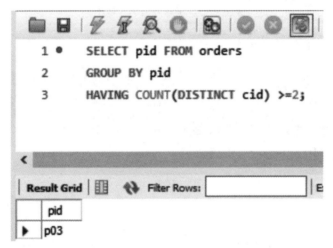,新建一个查询窗口。
②在查询窗口输入下面的SQL语句:

```
SELECT pid FROM orders
GROUP BY pid
HAVING COUNT(DISTINCT cid) >= 2;
```

③单击工具栏中的图标 或者按下快捷键"Ctrl+Enter",执行上面的SQL语句。观察"Output"输出区域面板,如果提示信息前有绿色小钩,则说明语句执行成功,结果如图5.12所示。

图5.12　限定条件的分组查询二的查询结果

实验5.2　集合查询

【实验目的】

掌握使用UNION操作符实现数据集合的并运算。

【实验内容】

查询顾客所居住的城市、代理商所在城市或者两者皆在的城市。

【实验步骤】

①在图标菜单中单击第一个图标 ,新建一个查询窗口。

②在查询窗口输入下面的SQL语句:

```
SELECT city FROM customers
UNION
SELECT city FROM agents;
或
SELECT city FROM customers
UNION ALL
SELECT city FROM agents;
```

③ 单击工具栏中的图标 或者按下快捷键"Ctrl+Enter",执行上面的SQL语句。观察"Output"输出区域面板,如果提示信息前有绿色小钩,则说明语句执行成功。两种写法的执行结果如图5.13和图5.14所示。

图5.13 第一种写法执行结果　　　图5.14 第二种写法执行结果

说明:通过两次查询比较UNION和UNION ALL的区别。

实验5.3 连接查询

【实验目的】

①掌握涉及多表的等值连接。
②掌握自身连接。

③掌握涉及多表的内连接。

④掌握涉及多表的外连接。

【实验内容】

①查询所有满足条件"顾客通过代理商订了货"的顾客–代理商姓名组合(cname,aname)。

②查询居住在同一城市的所有顾客对。

③查询订购了某个被代理商a06订购过的产品的所有顾客的cid值。

④查询至少订购了一件价格低于0.50元的商品的所有顾客的名字。

⑤查询通过居住在Duluth或Dallas的代理商订了货的所有顾客的cid值。

⑥查询既订购了产品p01又订购了产品p07的顾客的cid值。

⑦查询所有顾客的顾客号、顾客姓名、订购的产品号,订购数量(没有订购过产品的顾客的订购信息显示为空)。

【实验步骤】

(1)等值连接

查询所有满足条件"顾客通过代理商订了货"的顾客–代理商姓名组合(cname,aname)。

①在图标菜单中单击第一个图标 🔲,新建一个查询窗口。

②在查询窗口输入下面的SQL语句:

```
SELECT DISTINCT customers.cname, agents.aname
FROM customers, orders, agents
WHERE customers.cid = orders.cid AND orders.aid = agents.aid;
```

③单击工具栏中的 ⚡ 图标或者按下快捷键"Ctrl+Enter",执行上面的SQL语句。观察"Output"输出区域面板,如果提示信息前有绿色小钩,则说明语句执行成功,结果如图5.15所示。

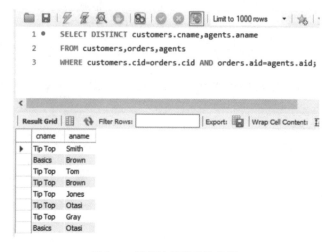

图5.15 等值连接的查询结果

(2)自连接查询

查询居住在同一城市的所有顾客对。

①在图标菜单中单击第一个图标 ,新建一个查询窗口。

②在查询窗口输入下面的SQL语句:

```
SELECT c1.cid cid1, c2.cid cid2
FROM customers c1, customers c2
WHERE c1.city = c2.city AND c1.cid < c2.cid;
```

③单击工具栏中的 图标或者按下快捷键"Ctrl+Enter",执行上面的SQL语句。观察"Output"输出区域面板,如果提示信息前有绿色小钩,则说明语句执行成功,结果如图5.16所示。

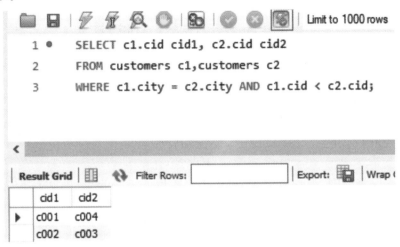

图5.16 自连接查询结果

(3)自连接查询(不重复)

查询订购了被代理商a06订购过的产品的所有顾客的cid值。

①在图标菜单中单击第一个图标 ,新建一个查询窗口。

②在查询窗口输入下面的SQL语句:

```
SELECT DISTINCT y.cid FROM orders x, orders y
WHERE x.pid = y.pid AND x.aid = 'a06';
```

③单击工具栏中的 图标或者按下快捷键"Ctrl+Enter",执行上面的SQL语句。观察"Output"输出区域面板,如果提示信息前有绿色小钩,则说明语句执行成功,结果如图5.17所示。

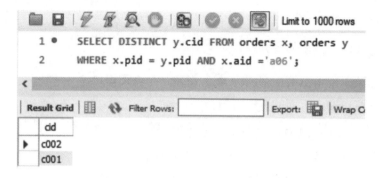

图5.17　自连接(不重复)查询结果

(4)JOIN连接查询

查询至少订购了一件价格低于0.60元的商品的所有顾客的名字。

①在图标菜单中单击第一个图标 [SQL]，新建一个查询窗口。

②在查询窗口输入下面的SQL语句：

```
SELECT DISTINCT cname
FROM ((orders o
JOIN (SELECT pid FROM products WHERE price < 0.60) p ON o.pid = p.pid)
JOIN customers c ON o.cid = c.cid);
```

③单击工具栏中的 图标或者按下快捷键"Ctrl+Enter"，执行上面的SQL语句。观察"Output"输出区域面板，如果提示信息前有绿色小钩，则说明语句执行成功，结果如图5.18所示。

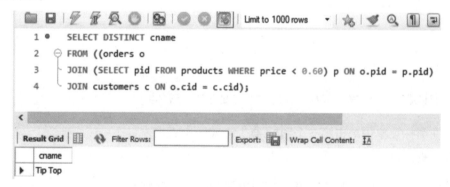

图5.18　JOIN连接查询的结果

(5)连接查询一

查询通过居住在Duluth或Dallas的代理商订了货的所有顾客的cid值。

①在图标菜单中单击第一个图标 [SQL]，新建一个查询窗口。

②在查询窗口输入下面的SQL语句：

```
SELECT DISTINCT cid FROM orders, agents
WHERE orders.aid = agents.aid
AND (city = 'Duluth' OR city = 'Dallas');
```

③单击工具栏中的图标 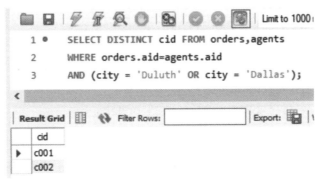 或者按下快捷键"Ctrl+Enter",执行上面的SQL语句。观察"Output"输出区域面板,如果提示信息前有绿色小钩,则说明语句执行成功,结果如图5.19所示。

图5.19 连接查询一的结果

(6)连接查询二

查询既订购了产品p01又订购了产品p07的顾客的cid值。

①在图标菜单中单击第一个图标 ,新建一个查询窗口。
②在查询窗口输入下面的SQL语句:

```
SELECT DISTINCT x.cid FROM orders x, orders y
WHERE x.pid='p01' AND x.cid=y.cid AND y.pid='p07';
```

③单击工具栏中的 图标或者按下快捷键"Ctrl+Enter",执行上面的SQL语句。观察"Output"输出区域面板,如果提示信息前有绿色小钩,则说明语句执行成功,结果如图5.20所示。

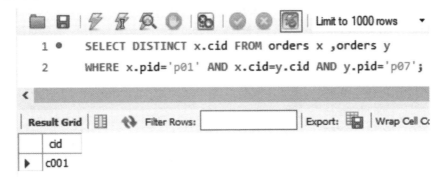

图5.20 连接查询二的结果

(7)左外连接查询

查询所有顾客的顾客号、顾客姓名、订购的产品号、订购数量(没有订购过产品的顾客的订购信息显示为空)。

①在图标菜单中单击第一个图标 ,新建一个查询窗口。
②在查询窗口分别输入下面的 SQL 语句:

```
SELECT c.cid, c.cname, o.pid, o.qty
FROM customers c LEFT OUTER JOIN orders o
ON c.cid=o.cid;
或
SELECT c.cid, c.cname, o.pid, o.qty
FROM customers c LEFT OUTER JOIN orders o
USING (cid);
```

③单击工具栏中的 图标或者按下快捷键"Ctrl+Enter",执行上面的 SQL 语句。观察"Output"输出区域面板,如果提示信息前有绿色小钩,则说明语句执行成功,结果如图 5.21 和图 5.22 所示,比较查询结果,说明这两种用法是等效的。

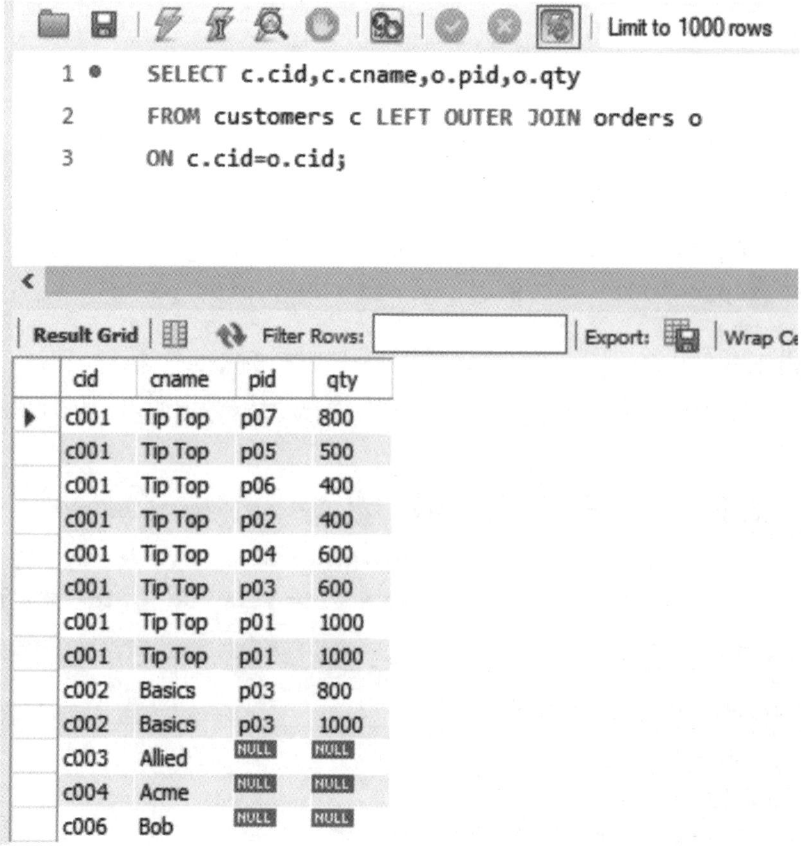

图5.21　左外连接查询结果一

```
1 •   SELECT c.cid,c.cname,o.pid,o.qty
2     FROM customers c LEFT OUTER JOIN orders o
3     USING (cid);
```

cid	cname	pid	qty
c001	Tip Top	p07	800
c001	Tip Top	p05	500
c001	Tip Top	p06	400
c001	Tip Top	p02	400
c001	Tip Top	p04	600
c001	Tip Top	p03	600
c001	Tip Top	p01	1000
c001	Tip Top	p01	1000
c002	Basics	p03	800
c002	Basics	p03	1000
c003	Allied	NULL	NULL
c004	Acme	NULL	NULL
c006	Bob	NULL	NULL

图5.22 左外连接查询结果二

实验5.4 嵌套查询

【实验目的】

①掌握IN/NOT IN谓词的使用。
②掌握θ ALL/θ SOME/θ ANY谓词的使用。
③掌握EXISTS/NOT EXISTS谓词的使用。

【实验内容】

①查询通过居住在Duluth或Dallas的代理商订了货的顾客的cid值。
②查询通过居住在Duluth或Dallas的代理商订了货的顾客的名字和折扣。
③查询佣金百分率最小的代理商的aid值。
④查询与居住在Dallas或Boston的顾客拥有相同折扣的顾客的编号和名字。
⑤查询既订购了产品p01又订购了产品p07的顾客的cid值。
⑥查询没有通过代理商a05订货的所有顾客的名字。

⑦查询订购了所有被顾客c006订购的产品的顾客的cid值。

⑧查询订购同一产品至少两次的顾客的名字。

⑨查询折扣值小于最大折扣值的顾客的cid值。

⑩查询至少有两个顾客订购的产品。

【实验步骤】

(1)带有IN谓词的嵌套查询

查询通过居住在Duluth或Dallas的代理商订了货的顾客的cid值。

①在图标菜单中单击第一个图标 ,新建一个查询窗口。

②在查询窗口输入下面的SQL语句:

```
SELECT DISTINCT cid FROM orders
WHERE aid IN (SELECT aid FROM agents
WHERE city = 'Duluth' OR city = 'Dallas');
```

③单击工具栏中的图标 或者按下快捷键"Ctrl+Enter",执行上面的SQL语句。观察"Output"输出区域面板,如果提示信息前有绿色小钩,则说明语句执行成功,结果如图5.23所示。

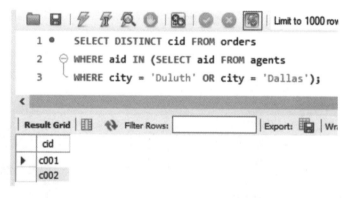

图5.23　带有IN谓词的查询结果

(2)带有IN谓词的多层嵌套查询

查询通过居住在Duluth或Dallas的代理商订了货的所有顾客的名字和折扣。

①在图标菜单中单击第一个图标 ,新建一个查询窗口。

②在查询窗口输入下面的SQL语句:

```
SELECT cname, discnt FROM customers
WHERE cid IN (SELECT cid FROM orders
WHERE aid IN (SELECT aid FROM agents
```

```
WHERE city IN ('Duluth','Dallas')));
```

③单击工具栏中的图标 或者按下快捷键"Ctrl+Enter",执行上面的SQL语句。观察"Output"输出区域面板,如果提示信息前有绿色小钩,则说明语句执行成功,结果如图5.24所示。

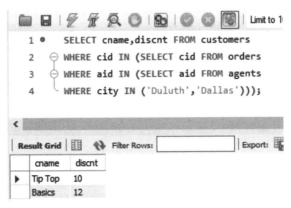

图5.24 带有IN谓词的多层嵌套的查询结果

(3)带有θ ALL谓词的嵌套查询

查询佣金百分率最小的代理商的aid值。

①在图标菜单中单击第一个图标 ,新建一个查询窗口。

②在查询窗口输入下面的SQL语句:

```
SELECT aid FROM agents
WHERE percent <= ALL (SELECT percent FROM agents);
```

③单击工具栏中的 图标或者按下快捷键"Ctrl+Enter",执行上面的SQL语句。观察"Output"输出区域面板,如果提示信息前有绿色小钩,则说明语句执行成功,结果如图5.25所示。

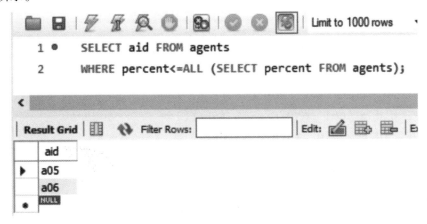

图5.25 带有θ ALL谓词的查询结果

(4)带有θSOME谓词的嵌套查询

查询与居住在Dallas或Boston的顾客拥有相同折扣的顾客的编号和名字。

①在图标菜单中单击第一个图标 ![SQL]，新建一个查询窗口。

②在查询窗口输入下面的SQL语句：

```
SELECT cid, cname FROM customers
WHERE discnt = SOME (SELECT discnt FROM customers
WHERE city = 'Dallas' OR city='Boston');
```

③单击工具栏中的图标 ![] 或者按下快捷键"Ctrl+Enter"，执行上面的SQL语句。观察"Output"输出区域面板，如果提示信息前有绿色小钩，说明语句执行成功，结果如图5.26所示。

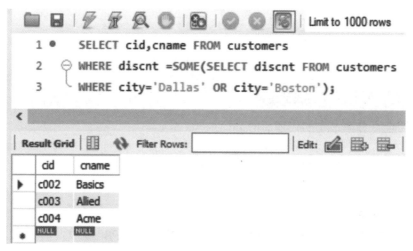

图5.26　带有θSOME谓词的查询结果

(5)带有EXISTS谓词的嵌套查询

查询既订购了产品p01又订购了产品p07的顾客的cid值。

①在图标菜单中单击第一个图标 ![SQL]，新建一个查询窗口。

②在查询窗口输入下面的SQL语句：

```
SELECT DISTINCT cid FROM orders x
WHERE pid = 'p01' AND EXISTS (SELECT * FROM orders
WHERE cid = x.cid AND pid = 'p07');
或
SELECT DISTINCT cid FROM orders x
WHERE pid = 'p01' AND cid IN (SELECT cid FROM orders
WHERE pid = 'p07');
```

③单击工具栏中的 图标或者按下快捷键"Ctrl+Enter",执行上面的SQL语句。观察"Output"输出区域面板,如果提示信息前有绿色小钩,说明语句执行成功。两种写法的执行结果分别如图5.27和图5.28所示。

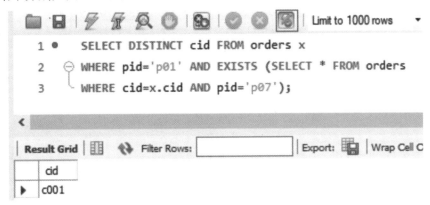

```
1 ● SELECT DISTINCT cid FROM orders x
2   WHERE pid='p01' AND EXISTS (SELECT * FROM orders
3       WHERE cid=x.cid AND pid='p07');
```

cid
c001

图5.27　带有EXISTS谓词的查询结果

```
1 ● SELECT DISTINCT cid FROM orders x
2   WHERE pid = 'p01' AND cid IN (SELECT cid FROM orders
3       WHERE pid = 'p07');
```

cid
c001

图5.28　采用IN谓词的查询结果

说明:该题与实验5.3的第6题相同,但是采用了另外两种不同的查询方式。

(6)带有NOT EXISTS谓词的嵌套查询

查询没有通过代理商a05订货的顾客的名字。

①在图标菜单中单击第一个图标,新建一个查询窗口。

②在查询窗口输入下面的SQL语句:

```
SELECT DISTINCT c.cname FROM customers c
WHERE NOT EXISTS (SELECT * FROM orders x
WHERE c.cid = x.cid AND x.aid = 'a05');
```

③单击工具栏中的图标 或者按下快捷键"Ctrl+Enter",执行上面的SQL语句。观察"Output"输出区域面板,如果提示信息前有绿色小钩,说明语句执行成功,结果如图5.29所示。

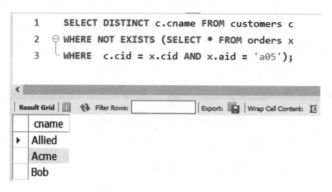

图5.29　带有NOT EXISTS谓词的查询结果

(7)带有NOT EXISTS谓词的多层嵌套查询

查询订购了所有被顾客c006订购的产品的顾客的cid值。

①在图标菜单中单击第一个图标 ，新建一个查询窗口。
②在查询窗口输入下面的SQL语句：

```
SELECT c.cid FROM customers c
WHERE NOT EXISTS
        (SELECT pid FROM orders x WHERE x.cid = 'c006' AND
            NOT EXISTS (SELECT * FROM orders y
                WHERE x.pid = y.pid AND y.cid = c.cid));
```

③单击工具栏中的 　 图标或者按下快捷键"Ctrl+Enter"，执行上面的SQL语句。
观察"Output"输出区域面板,如果提示信息前有绿色小钩,说明语句执行成功,结果如图
5.30所示。

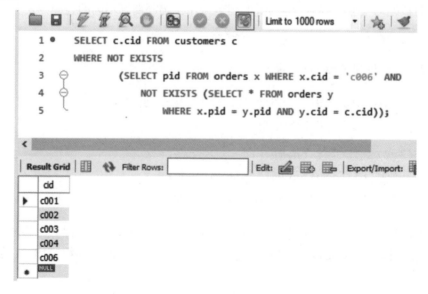

图5.30　带有NOT EXISTS谓词的多层嵌套查询结果

(8)FROM 后使用子查询

查询订购同一产品至少两次的顾客的名字。

①在图标菜单中单击第一个图标 ，新建一个查询窗口。

②在查询窗口输入下面的SQL语句：

```
SELECT DISTINCT cname
FROM (SELECT o.cid AS spcid FROM orders o, orders x
        WHERE o.cid = x.cid AND o.pid = x.pid
            AND o.ordno <> x.ordno) AS y, customers c
        WHERE y.spcid = c.cid;
```

③单击工具栏中的 图标或者按下快捷键"Ctrl+Enter"，执行上面的SQL语句。观察"Output"输出区域面板，如果提示信息前有绿色小钩，说明语句执行成功。结果如图5.31所示。

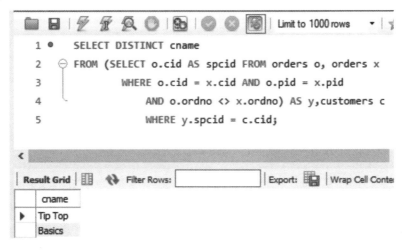

图5.31 FROM 后使用子查询的查询结果

(9)带有聚合函数的嵌套查询

查询折扣值小于最大折扣值的顾客的cid值。

①在图标菜单中单击第一个图标 ，新建一个查询窗口。

②在查询窗口输入下面的SQL语句：

```
SELECT cid FROM customers
WHERE discnt < (SELECT MAX(discnt) FROM customers);
```

③单击工具栏中的图标 或者按下快捷键"Ctrl+Enter"，执行上面的SQL语句。观察"Output"输出区域面板，如果提示信息前有绿色小钩，说明语句执行成功。结果如图5.32所示。

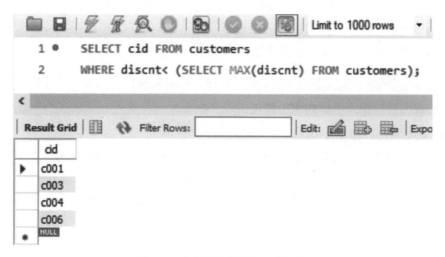

图5.32　带有聚合函数的查询结果

（10）采用比较运算符的嵌套查询

查询至少有两个顾客订购的产品。

①在图标菜单中单击第一个图标 ，新建一个查询窗口。

②在查询窗口输入下面的SQL语句：

```
SELECT pid FROM products p
WHERE 2 <= (SELECT COUNT(DISTINCT cid)
        FROM orders WHERE pid = p.pid);
```

③单击工具栏中的 图标或者按下快捷键"Ctrl+Enter"，执行上面的SQL语句。观察"Output"输出区域面板，如果提示信息前有绿色小钩，说明语句执行成功，结果如图5.33所示。

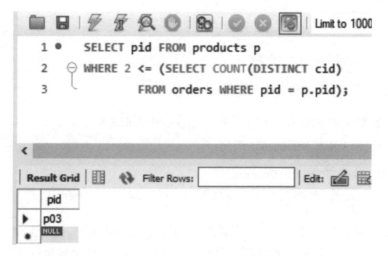

图5.33　采用比较运算符的嵌套查询的查询结果

实验5.5 查询结果输出

【实验目的】

掌握使用SQL实现查询结果输出到文件的方法。

【实验内容】

查询所有顾客的信息输出到E盘的"e:/bak/cus.txt"。

【实验步骤】

①在图标菜单中单击第一个图标,新建一个查询窗口。

②在查询窗口输入下面的SQL语句：

```
SELECT * FROM customers INTO OUTFILE 'e:/bak/cus.txt';
```

③按下快捷键"Ctrl+Enter"，执行上面的SQL语句。观察"Output"输出区域面板，如果提示信息显示"Error Code：1290. The MySQL server is running with the --secure-file-priv option so it cannot execute this statement"，说明语句未执行成功，可以参照实验4.1中第4个实验的步骤⑥—⑧进行全局变量"secure_file_priv"值的修改。

④重新启动MySQL Workbench，重新执行该语句："SELECT * FROM customers INTO OUTFILE 'e:/bak/cus.txt';"才能执行成功。用记事本查看e:/bak/cus.txt，显示如图5.34所示。

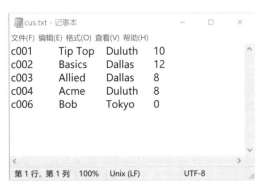

图5.34 记事本查看

习 题

针对数据库library（表结构和内容见附录）实现下列查询语句：

1.查询全体读者的姓名（rname）、出生年份。

2.查询价格（bprice）低于50元的图书的信息。

3.查询所有年龄（rage）在18~20岁（包括18岁和20岁）之间的读者姓名（rname）及年龄（rage）。

4.查询学历（reducation）为研究生或本科的读者的编号（rno）、姓名（rname）和性别（rsex）。

5.查询所有姓"林"的且全名为2个汉字的读者的姓名（rname）、性别（rsex）和年龄（rage）。

6.查询尚未归还的借书记录。

7.查询读者总人数。

8.计算学历（reducation）为研究生的读者的平均年龄。

9.查询所有的借阅记录，按照读者编号（rno）进行升序排列，读者编号相同的，按照借阅时间（borrowdate）进行降序排列。

10.查询借书次数大于一次的读者编号（rno）。

11.查询读者的借书情况，要求列出读者姓名（rname）、图书名称（btitle）、借书日期（borrowdate）。

12.查询所有读者的基本情况和借阅情况，没有借书的读者也输出基本信息。

13.查询所有借了编号（bno）为"B02"的图书的读者编号（rno）和读者姓名（rname）。

14.查询比编号（bno）为"B01"的图书的价格（bprice）低的图书的编号（bno）、书名（btitle）和价格（bprice）。

15.查询至少借阅了读者（rno）为"R01"借阅的全部图书的读者编号（rno）和读者姓名（rname）。

16.查询所有读者的信息，将其输出到一个txt文件中。

实验 6
数据完整性控制

数据完整性是指数据的精确性和可靠性,它是为了防止因错误信息的输入输出造成无效操作,或数据库中存在不符合语义规定的数据而提出的,强制数据完整性可保证数据库中的数据质量。数据完整性分为实体完整性、参照完整性和用户定义的完整性。

【实验目的】

①掌握实体完整性的创建和修改。
②掌握参照完整性的创建和修改。
③掌握用户定义的完整性的创建和修改。
④掌握触发器的创建和修改。

【知识要点】

(1)实体完整性

实体完整性是指表中行的完整性,要求每一个表中的主键字段值不能为空,也不能重复。实体完整性通过 PRIMARY KEY 约束、UNIQUE 约束或 UNIQUE 索引保证主键的完整性。

(2)参照完整性

参照完整性是相关联的两个表之间的完整性约束。具体地说,就是表 A 中每条记录外键的值或者为空值,或者必须是在参照表 B 中的主键已存在的值。通常把表 A 叫作从表,把表 B 叫作主表。

定义了外键以后,主表中的数据不能随便删除。在删除主表记录的时候,数据库会检查这个主键值是否被从表参照,如果有参照,则不能删除。可以为主表定义级联删除,即主表中的一条记录被删除后,则从表中凡是外键的值与主表的主键值相同的记录会被同时删除。也可以定义级联修改操作,即修改主表中主键的值,则从表中相应记录的外键值也随之被修改。

(3)用户定义的完整性

用户定义的完整性是针对应用环境不同定义的一些特殊约束条件,它反映某一具体应用所涉及的数据必须满足语义要求,如学生的性别应该为"男"或"女",年龄必须是 0~150 的整数等。

对于用户定义完整性约束,SQL提供了非空约束、CHECK约束、DEFAULT约束、触发器等来实现用户的各种完整性要求。

(4)数据完整性定义的命令格式

数据完整性可以在创建表时采用CREATE TABLE命令定义,也可以采用ALTER TABLE命令对表增加数据完整性定义。命令的详细格式见实验3的相关知识要点。

(5)创建触发器的命令格式

```
CREATE
    [DEFINER = user]
    TRIGGER [IF NOT EXISTS] trigger_name
    trigger_time trigger_event
    ON tbl_name FOR EACH ROW
    [trigger_order]
    trigger_body
trigger_time: {BEFORE | AFTER}
trigger_event: {INSERT | UPDATE | DELETE}
trigger_order: {FOLLOWS | PRECEDES} other_trigger_name
```

实验6.1 实体完整性

【实验目的】

①掌握使用图形界面工具创建主键。
②掌握使用SQL创建主键。
③掌握使用图形界面工具创建UNIQUE约束。
④掌握使用SQL创建UNIQUE约束。

【实验内容】

①使用图形界面工具为sales数据库中的customers表和products表创建主键。
②使用SQL为sales数据库中的agents表和orders表创建主键。
③使用图形界面工具为sales数据库中的products表创建UNIQUE约束。
④使用SQL为sales数据库中的orders表创建UNIQUE约束。

【实验步骤】

(1)使用图形界面工具创建主键

为sales数据库中的customers表和products表创建主键。

①启动 MySQL Workbench。单击"MySQL Workbench",显示工作的主界面,单击"local instance MySQL",连接服务器。

②在"Navigator"导航栏的"Schemas"选项页中依次单击"sales"→"Tables",右击"customers",在快捷菜单中选择"Alter Table..."选项,如图6.1所示。

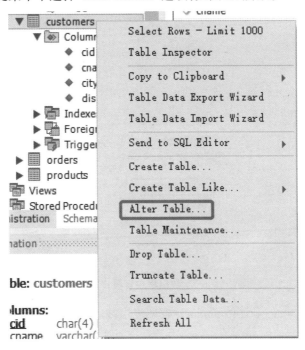

图6.1　快捷菜单

③创建主键。在customer表结构设置界面选择cid列,单击工具栏中对应"PK"的方框按钮,或者选中下方的"Primary Key",在cid列左侧显示一把钥匙,如图6.2所示,表示cid被设置为主键。

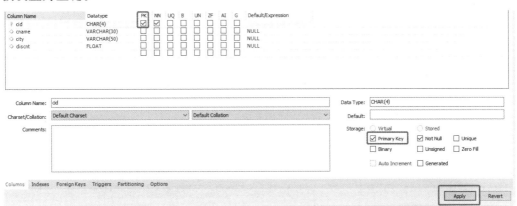

图6.2　设置主键后的显示结果

④单击"Apply"按钮,保存修改后的customers表。主键约束创建完毕之后,可以在导航栏中查看,如图6.3所示。

图6.3　导航栏中查看主键

⑤按照步骤②—④的顺序给products表创建主键。

(2)使用SQL创建主键

为sales数据库中的agents表和orders表创建主键。

①在图标菜单中单击第一个图标，新建一个查询窗口。

②在查询窗口输入下面的SQL语句：

```
ALTER TABLE Orders
ADD PRIMARY KEY (ordno);
```

③单击工具栏中的　　图标或者按下快捷键"Ctrl+Enter"，执行上面的SQL语句，结果如图6.4所示，表示已成功设置主键。可以在导航栏中查看，如图6.5所示。如果未显示主键，在"orders"表中右击鼠标，在显示的快捷菜单中选择"refresh all"，再次查看。

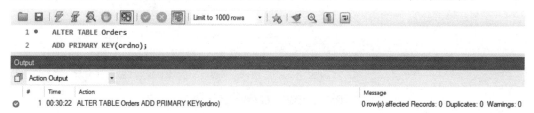

图6.4　创建主键的执行结果

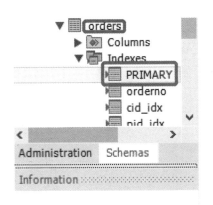

图6.5 导航栏中查看主键

④如果执行该语句时,出现图6.6所示的错误提示信息,说明orders表已经有主键,一个表只能有一个主键,试图再创建主键,导致语句执行失败。在导航栏中查看,如果已有主键,可不再执行该语句,或者删除原主键后再执行。

图6.6 创建主键语句未成功执行

⑤参照前面4步给agents表创建主键。

(3)使用图形界面工具创建UNIQUE约束

为sales数据库中的products表创建UNIQUE约束。

①在"Navigator"导航栏的"Schemas"选项页中依次展开节点"sales"→"Tables",右击"products",在快捷菜单中选择"Alter Table..."选项,在查询窗口中显示表的结构。

②创建UNIQUE约束。选择pid列,单击工具栏中对应"UQ"的方框按钮,或者选中下方的"Unique"方框。

③单击"Apply"按钮,即可保存修改后的products表。

（4）使用SQL创建UNIQUE约束

为sales数据库中的orders表创建UNIQUE约束。

①在图标菜单中单击第一个图标 ，新建一个查询窗口。

②在查询窗口输入下面的SQL语句：

```
ALTER TABLE Orders
ADD UNIQUE(ordno);
```

③单击工具栏中的 图标或者按下快捷键"Ctrl+Enter"，执行上面的SQL语句，结果如图6.7所示，表示已成功为sales数据库中的orders表创建UNIQUE约束。

图6.7 创建UNIQUE约束的执行结果

实验6.2 参照完整性

【实验目的】

①掌握使用图形界面工具创建外键。
②掌握使用SQL创建外键。

【实验内容】

①使用图形界面工具为sales数据库中的orders表创建外键，orders表中的cid参照customers表中的cid。

②使用SQL为sales数据库中的orders表创建外键，orders表中的pid参照products表中的pid。

【实验步骤】

（1）使用图形界面工具创建外键

为sales数据库中的orders表创建外键，orders表中的cid参照customers表中的cid。

①在"Navigator"导航栏的"Schemas"选项页中依次展开节点"sales"→"Tables"，右击"orders"，在快捷菜单中选择"Alter Table..."选项，在查询窗口中显示表的结构。

②创建外键。单击"Foreign Keys"进入外键信息界面,在"Foreign Key Name"中填入cid,在"Referenced Table"列表中选择"`sales`.`customers`",在右侧选择"cid"以及主表customers中被参考的列"cid",单击"Apply"按钮,如图6.8所示。

图6.8 "外键关系"对话框

③进入数据修改确定界面,单击"Apply"按钮执行数据更新脚本,如图6.9所示。

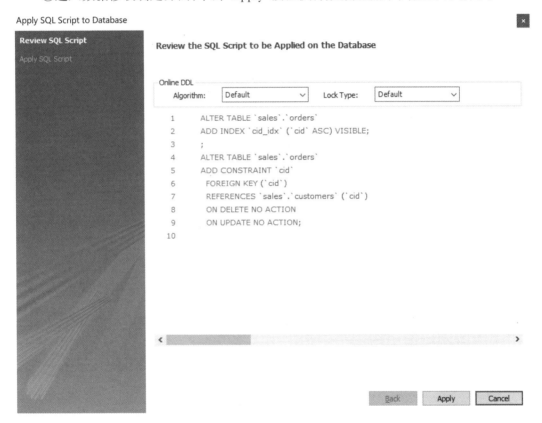

图6.9 "Apply SQL Script to Database"对话框

④保存完毕后,可以在导航栏中查看,如图6.10所示,如果未显示,请在"orders"右击鼠标,在显示的快捷菜单中选择"refresh all",再次查看。

图6.10　导航栏中查看外键一

（2）使用SQL创建外键

为sales数据库中的orders表创建外键，orders表中的pid参照products表中的pid。

①在图标菜单中单击第一个图标![SQL], 新建一个查询窗口。

②在查询窗口输入下面的SQL语句：

```
ALTER TABLE sales.orders
ADD CONSTRAINT pid
FOREIGN KEY (pid)
REFERENCES sales.products(pid)
ON DELETE NO ACTION
ON UPDATE NO ACTION;
```

③单击工具栏中的![闪电]图标或者按下快捷键"Ctrl+Enter"，执行上面的SQL语句。成功之后，可以在导航栏中查看，如图6.11所示。

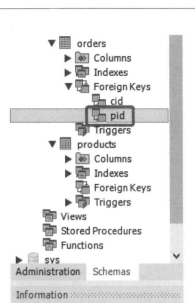

图6.11 导航栏中查看外键二

实验6.3 用户定义的完整性

【实验目的】

①掌握使用SQL创建CHECK约束。
②掌握使用SQL创建包含数据完整性控制的表。
③掌握使用SQL为表删除约束。

【实验内容】

①使用SQL为sales数据库中的orders表创建CHECK约束。
②使用SQL创建两个新表ord_1和ord_2,表结构与orders相同,包含主键、DEFAULT约束和CHECK约束。
③使用图形界面工具为ord_1表删除主键、DEFAULT约束。
④使用SQL为ord_2表删除主键、DEFAULT约束和CHECK约束。

【实验步骤】

(1)使用SQL创建CHECK约束

为sales数据库中的orders表创建CHECK约束。要求qty的取值大于等于0,dollars的取值大于等于0。

① 在图标菜单中单击第一个图标 📱,新建一个查询窗口。

② 在查询窗口输入下面的SQL语句:

```
ALTER TABLE orders
ADD CONSTRAINT qty_check CHECK( qty >= 0 ) ENFORCED;
ALTER TABLE orders
ADD CONSTRAINT dollars_check CHECK ( dollars >= 0 ) ENFORCED;
```

③ 单击工具栏中的 ⚡ 图标或者按下快捷键"Ctrl+Shift+Enter",执行上面的SQL语句,结果如图6.12所示。

图6.12　成功创建CHECK约束

④ 验证CHECK约束,在查询窗口输入下面的SQL语句:

```
UPDATE orders SET qty=-1 WHERE ordno='1011';
UPDATE orders SET dollars=-1 WHERE ordno='1011';
```

⑤ 单击工具栏中的 ⚡ 图标或者按下快捷键"Ctrl+Shift+Enter",执行上面的SQL语句,两条语句均未执行成功,提示违背CHECK约束,如图6.13所示。

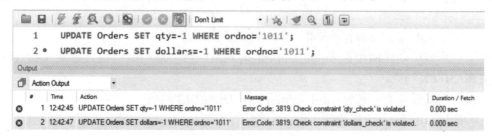

图6.13　验证CHECK约束

（2）使用SQL创建两个新表

创建两个新表ord_1和ord_2，表结构与orders表相同，包含主键、外键约束、DEFAULT约束和CHECK约束。

①在图标菜单中单击第一个图标 ，新建一个查询窗口。

②在查询窗口输入下面的SQL语句：

```
CREATE TABLE ord_1 LIKE orders;
CREATE TABLE ord_2 LIKE orders;
```

③单击工具栏中的 图标或者按下快捷键"Ctrl+Shift+Enter"，执行上面的SQL语句，成功之后，在左边导航栏中刷新后再查看新建的表。

④查看orders和新复制的两个表的约束。

新建窗口输入下面的SQL语句：

```
SELECT * FROM information_schema.table_constraints
WHERE table_name= 'ord_1' or table_name= 'ord_2' or table_name=
'orders';
```

⑤单击工具栏中的 图标或者按下快捷键"Ctrl+Enter"，执行上面的SQL语句，查询结果如图6.14所示。比较三表的约束，可看出新复制的表除了表结构相同，主键约束和CHECK约束已经复制，但CHECK约束名按照表名重新更名，外键约束未复制。

```
1  SELECT * FROM information_schema.table_constraints
2  WHERE table_name='ord_1'or table_name='ord_2' or table_name='orders' ;
```

CONSTRAINT_CATALOG	CONSTRAINT_SCHEMA	CONSTRAINT_NAME	TABLE_SCHEMA	TABLE_NAME	CONSTRAINT_TYPE	ENFORCED
def	sales	PRIMARY	sales	ord_1	PRIMARY KEY	YES
def	sales	ord_1_chk_1	sales	ord_1	CHECK	YES
def	sales	ord_1_chk_2	sales	ord_1	CHECK	YES
def	sales	PRIMARY	sales	ord_2	PRIMARY KEY	YES
def	sales	ord_2_chk_1	sales	ord_2	CHECK	YES
def	sales	ord_2_chk_2	sales	ord_2	CHECK	YES
def	sales	PRIMARY	sales	orders	PRIMARY KEY	YES
def	sales	aid	sales	orders	FOREIGN KEY	YES
def	sales	cid	sales	orders	FOREIGN KEY	YES
def	sales	pid	sales	orders	FOREIGN KEY	YES
def	sales	dollars_check	sales	orders	CHECK	YES
def	sales	qty_check	sales	orders	CHECK	YES

图6.14 查看两表的约束

⑥为ord_1、ord_2表增加外键约束。

新建窗口输入下面的SQL语句：

```
ALTER TABLE ord_1
ADD CONSTRAINT cid1 FOREIGN KEY (cid) REFERENCES customers (cid),
ADD CONSTRAINT pid1 FOREIGN KEY (pid) REFERENCES products (pid);
```

```
ALTER TABLE ord_2
ADD CONSTRAINT cid2 FOREIGN KEY (cid) REFERENCES customers (cid),
ADD CONSTRAINT pid2 FOREIGN KEY (pid) REFERENCES products (pid);
```

⑦成功执行窗口中的SQL语句后,表明分别为ord_1、ord_2表创建了两个外键约束。

(3)使用图形界面工具删除主键、外键及约束

为ord_1表删除主键、外键、DEFAULT约束。

①在"Navigator"导航栏的"Schemas"选项页中依次展开节点"sales"→"Tables",右击"ord_1",在快捷菜单中选择"Alter Table..."选项,在查询窗口中显示表的结构。

②删除主键。选择"Columns"界面,选择"ordno"行,单击工具栏中的"PK"对应按钮,或者取消勾选右下方的"Primary Key",单击"Apply"按钮,即ordno列最左侧的钥匙消失。

③删除外键。选择"Foreign Keys"界面,显示"外键关系"对话框,如图6.15所示。右击对应的键,在出现的菜单中选择"Delete selected"删除外键,单击"Apply"按钮,在出现的对话框中再次单击"Apply"按钮,即可完成外键约束的删除操作。

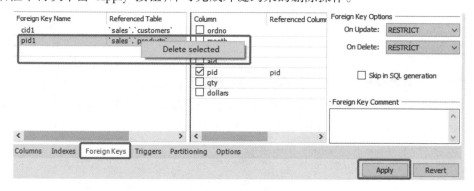

图6.15 "外键关系"对话框

④删除DEFAULT约束和CHECK约束。选择"Columns"界面,选中想要删除行的"Default/Expression"栏,将其中的值去掉,或者删除"Default"文本框中的值,单击"Apply"按钮即可进行应用设置,如图6.16所示。MySQL WorkBench不支持图形化界面删除CHECK约束,因此参照下一个实验,使用SQL语句删除CHECK约束。

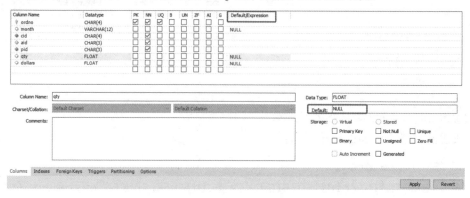

图6.16 删除DEFALUT约束

（4）使用SQL删除主键、外键和约束

为ord_2表删除主键、外键和CHECK约束。

①在图标菜单中单击第一个图标 ，新建一个查询窗口。

②在查询窗口输入下面的SQL语句：

```
ALTER TABLE ord_2
DROP PRIMARY KEY,
DROP FOREIGN KEY cid2,
DROP FOREIGN KEY pid2,
DROP CONSTRAINT ord_2_chk_1,
DROP CONSTRAINT ord_2_chk_2;
```

③单击工具栏中的 图标或者按下快捷键"Ctrl+Enter"，执行上面的SQL语句。

④成功执行后，在新建窗口输入下面的SQL语句：

```
SELECT * FROM information_schema.table_constraints
WHERE table_name='ord_2';
```

⑤执行窗口中的SQL语句，查询结果如图6.17所示，说明ord_2表的主键、外键和CHECK约束均已经删除。

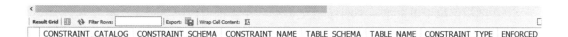

图6.17 执行删除相关约束

实验6.4 触发器

【实验目的】

①掌握使用图形界面工具创建触发器。
②掌握使用SQL创建触发器。
③掌握使用图形界面工具修改触发器。
④掌握使用SQL修改触发器。
⑤掌握使用图形界面工具删除触发器。
⑥掌握使用SQL删除触发器。

【实验内容】

①使用SQL语句复制表customers生成一个新表cuscopy,新表与老表结构相同,数据相同,然后使用图形界面工具建立触发器 customers_AFTER_INSERT 与 customers_AFTER_UPDATE,当试图在 customers 表中插入或更改数据时,将执行触发器,实现cuscopy表和customers表数据的同步更新。

②建立一个触发器 orders_AFTER_INSERT,当向 orders 表中插入一个新订单时被触发,自动更新 products 表的 quantity 列,即把在 orders 表中插入行时指定的 qty 值从 products 相应行的 quantity 中减去。

③使用图形界面工具修改触发器customers__AFTER_INSERT。

④使用图形界面工具删除触发器customers_AFTER_INSERT。

⑤使用SQL删除触发器orders_AFTER_INSERT。

【实验步骤】

(1)使用图形界面工具建立触发器

先使用SQL语句复制表customers生成一个新表cuscopy,新表与老表的结构相同,数据也相同,然后使用图形界面工具建立触发器 customers_AFTER_INSERT 与 customers_AFTER_UPDATE,当试图在 customers 表中插入或更改数据时,将执行触发器,实现cuscopy表和customers表数据的同步更新。

①在图标菜单中单击第一个图标 ，新建一个查询窗口。
②输入下面的SQL语句:

```
CREATE TABLE cuscopy LIKE customers;
INSERT INTO cuscopy SELECT * FROM customers;
```

③单击工具栏中的   图标或者按下快捷键"Ctrl+Shift+Enter",执行上面的SQL语句。

④在"Navigator"导航栏的"Schemas"选项页中,依次展开节点"sales"→"Tables",右击"customers",在快捷菜单中选择"Alter Table..."选项,在查询窗口中显示表的结构。单击"Triggers",进入创建触发器界面,如图6.18所示。

⑤分别单击左侧菜单的"AFTER INSERT"与"AFTER UPDATE"旁的加号,创建插入与更新操作的触发器"customers_AFTER_INSERT"与"customers_AFTER_UPDATE",在右侧SQL模板的BEGIN与END之间添加触发器操作,使cuscopy的数据和customers的数据一致,如图6.19和图6.20所示。

图6.18 创建触发器界面

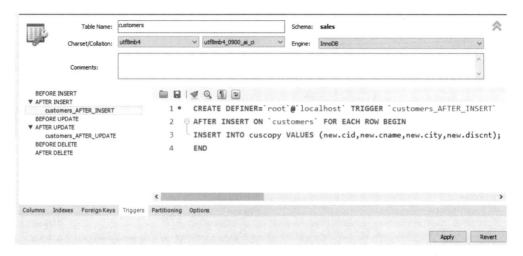

图6.19 "插入"操作的触发器

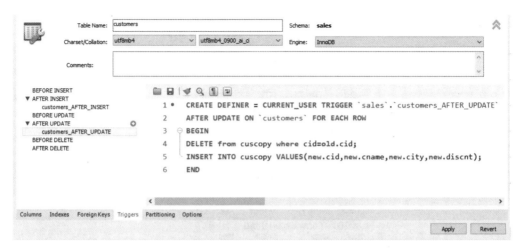

图6.20 "更新"操作的触发器

⑥单击"Apply"按钮,执行创建触发器操作,成功之后,可以在导航栏中先刷新后查看是否存在新建的触发器,如图6.21所示。

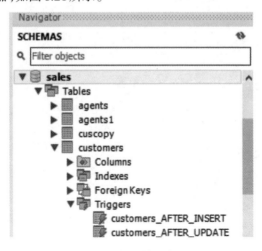

图6.21 创建的触发器

⑦验证触发器是否起作用。分别向customers表插入一行数据和更新数据,如图6.22所示。执行完成后,查询cuscopy表内容,如图6.23所示。cuscopy也增加了同样一行,并且进行了同样更新,说明这两个触发器已经成功触发。

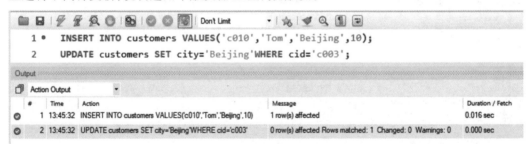

图6.22 插入、更新数据验证触发器

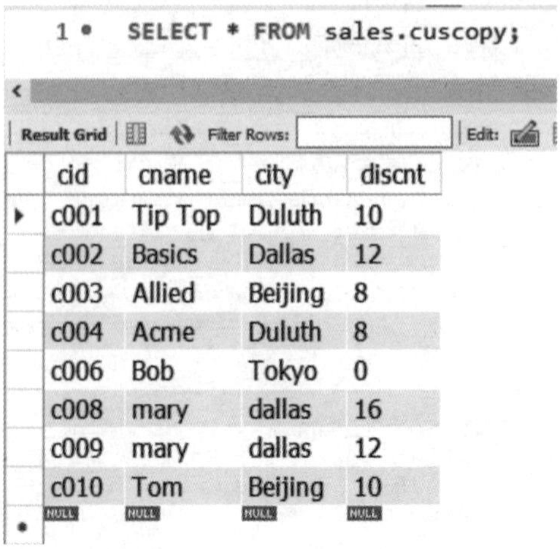

图6.23 查看触发器执行结果

(2)使用SQL建立触发器

建立一个触发器 orders_AFTER_INSERT，当向 orders 表中插入一个新订单时被触发，自动更新 products 表的 quantity 列，即把在 orders 表中插入行时指定的 qty 值从 products 相应行的 quantity 中减去。

①在图标菜单中单击第一个图标 ，新建一个查询窗口。

②在查询窗口输入下面的SQL语句：

```sql
DROP TRIGGER IF EXISTS sales.orders_AFTER_INSERT;
DELIMITER $$
USE sales$$
CREATE DEFINER = CURRENT_USER TRIGGER sales.orders_AFTER_INSERT
AFTER INSERT ON Orders FOR EACH ROW
BEGIN
UPDATE Products SET quantity=quantity-new.qty WHERE pid = new.pid;
END$$
DELIMITER ;
```

③单击工具栏中的 图标，执行上面的SQL语句，成功之后，可以在导航栏中先刷新后查看新建的触发器，如图6.24所示。

图6.24 导航栏中查看触发器

④验证触发器是否起作用。首先查询 products 表的内容，记下 p01 的 quantity 值，然后向 orders 表插入一行数据，SQL语句如下：

```sql
USE sales
INSERT orders (ordno,aid,cid,pid,qty)
values ('1100','a01','c001','p01',2000)
```

插入成功之后，再次查询 products 表的内容，比较两次查询结果中 p01 的 quantity 值。

(3)修改触发器

使用 MySQL Workbench 修改触发器 cus_AFTER_INSERT。

①在"Navigator"导航栏的"Schemas"选项页中依次展开节点"sales"→"Tables"，右击"customers"，在快捷菜单中选择"Alter Table..."选项，进入"Triggers"界面，在查询窗口中显示触发器定义的SQL语句。

②对插入语句进行修改,实现对插入 cuscopy 表的元组的 discnt 值为插入 customers 表的 discnt 值的 1.1 倍,单击"Apply"按钮,执行窗口中的 SQL 语句。成功之后,customers_AFTER_INSERT 触发器即完成修改,如图 6.25 所示。

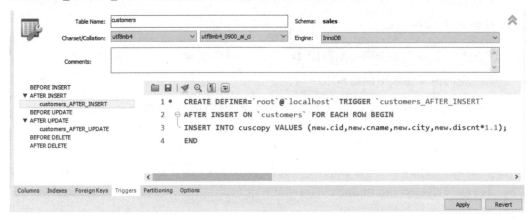

图6.25　查询窗口中的修改触发器的SQL语句

③验证。向 customers 表插入一行数据,如图 6.26 所示。然后查询 cuscopy 表的内容,如图 6.27 所示,可以看到新插入的这行 discnt 值为插入 customer 表的 discnt 值的 1.1 倍。

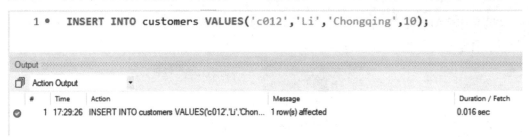

图6.26　向 customers 表插入一行数据

```
1 •   SELECT * FROM sales.cuscopy;
```

cid	cname	city	discnt
c001	Tip Top	Duluth	10
c002	Basics	Dallas	12
c003	Allied	Beijing	8
c004	Acme	Duluth	8
c006	Bob	Tokyo	0
c008	mary	dallas	16
c009	mary	dallas	12
c010	Tom	Beijing	10
c011	Zhang	Chongqing	9
c012	Li	Chongqing	11
NULL	NULL	NULL	NULL

图6.27　查询 cuscopy 表的内容

（4）使用图形界面工具删除触发器

删除触发器customers_AFTER_INSERT。

在"Navigator"导航栏的"Schemas"选项页中依次展开节点"sales"→"Tables"，右击"customers"，在快捷菜单中选择"Alter Table..."选项，进入"Triggers"界面，将光标移至左侧对应的触发器处，单击"−"按钮后再单击"Apply"按钮应用删除操作，如图6.28所示。可以在导航栏中查看customers_AFTER_INSERT是否存在，如图6.29所示。

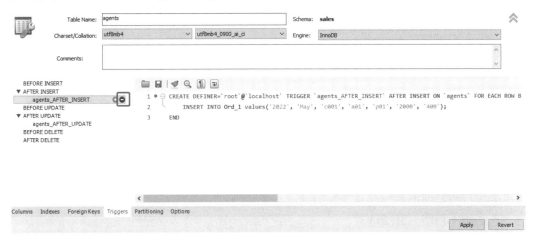

图6.28　删除触发器

图6.29　触发器orders_AFTER_INSERT被删除

（5）使用SQL删除触发器

删除触发器orders_AFTER_INSERT。

①在图标菜单中单击第一个图标 ，新建一个查询窗口。

②在查询窗口输入下面的SQL语句：

```
DROP TRIGGER orders_AFTER_INSERT
```

③单击工具栏中的 图标，执行上面的SQL语句，成功之后，可以在导航栏中先刷新后查看orders_AFTER_INSERT是否存在，如图6.30所示。

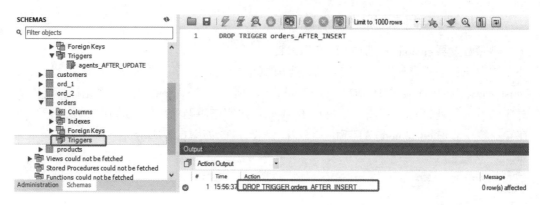

图6.30　触发器orders_AFTER_INSERT被删除

习　题

针对数据库library(表结构和内容见附录)进行下面的实验:

1.对各个表实现实体完整性并验证。

2.实现表之间的参照完整性并验证。

3.实现下列约束并验证:

①姓名不能为空值。

②性别应该为"男"或"女"。

③年龄必须在0~100。

④价格必须大于0。

⑤借阅日期默认为当前日期。

4.创建触发器,当删除reader表中读者的信息时,同时删除borrow表中该读者的记录。

5. 创建一个表book_Count,用来记录每本书被借阅的次数,关系模式为(bno, borrowtimes),其中bno表示图书编号,borrowTimes表示借阅次数。现要求在borrow表上创建一个触发器,当有新的借阅记录时,更新book_Count表的信息,将被借图书的借阅次数加1。

实验7
索　引

索引是与表或视图关联的磁盘上的结构,可以加快从表或视图中检索行的速度。索引包含由表或视图中的一列或多列生成的键。这些键存储在一个B树结构中,使MySQL可以快速有效地查找与键值关联的行。设计良好的索引可以减少磁盘I/O操作,减少系统消耗的资源,从而提高查询性能。

【实验目的】

①理解索引的定义及优点。
②掌握创建索引的方法。
③掌握如何创建索引才能提高查询速度。
④掌握获得执行计划的方法。
⑤掌握管理索引的方法。

【知识要点】

(1)索引类型

1)根据索引的具体用途分类

MySQL中的索引在逻辑上分为以下5类。

①普通索引:普通索引是MySQL中最基本的索引类型,它没有任何限制,唯一任务就是加快系统对数据的访问速度。普通索引允许在定义索引的列中插入重复值和空值。创建普通索引时,通常使用的关键字是INDEX或KEY。

②唯一索引:与普通索引类似,不同的是创建唯一性索引的目的不是为了提高访问速度,而是为了避免数据出现重复。唯一索引列的值必须唯一,允许有空值。如果是组合索引,则列值的组合也必须唯一。创建唯一索引通常使用UNIQUE关键字。

③主键索引:主键索引就是专门为主键字段创建的索引,是一种特殊的唯一索引,不允许值重复或者值为空。创建主键索引通常使用PRIMARY KEY关键字,不能使用CREATE INDEX语句创建主键索引。

④空间索引:空间索引是对空间数据类型的字段建立的索引,使用SPATIAL关键字进行创建。创建空间索引的列必须将其声明为NOT NULL,空间索引只能在存储引擎为MyISAM的表中创建。空间索引主要用于地理空间数据类型GEOMETRY。对于初学者来说,这类索引很少会用到。

⑤全文索引:全文索引主要用来查找文本中的关键字,只能在CHAR、VARCHAR或

TEXT 类型的列上创建,允许在索引列中插入重复值和空值。在 MySQL 中只有 MyISAM 存储引擎支持全文索引。对于大容量的数据表,生成全文索引非常消耗时间和硬盘空间。创建全文索引使用 FULLTEXT 关键字。

2)根据索引列的多少分类

索引分为单列索引和组合索引。

①单列索引:单列索引就是在表中的单个字段上创建索引。单列索引可以是普通索引,也可以是唯一性索引,还可以是全文索引。

②组合索引:组合索引也称为复合索引或多列索引。组合索引是在表的多个字段上创建一个索引。该索引指向创建时对应的多个字段,可以通过这几个字段进行查询。但是,只有查询条件中使用了这些字段中第一个字段时,索引才会被使用。

(2)创建索引的语法格式

```
CREATE [UNIQUE | FULLTEXT | SPATIAL] INDEX index_name
    [index_type]
    ON tbl_name (key_part,...)
    [index_option]
    [algorithm_option | lock_option] ...

key_part: {col_name [(length)] | (expr)} [ASC | DESC]

index_option: {
    KEY_BLOCK_SIZE [=] value
  | index_type
  | WITH PARSER parser_name
  | COMMENT 'string'
  | {VISIBLE | INVISIBLE}
  | ENGINE_ATTRIBUTE [=] 'string'
  | SECONDARY_ENGINE_ATTRIBUTE [=] 'string'
}

index_type:
    USING {BTREE | HASH}

algorithm_option:
    ALGORITHM [=] {DEFAULT | INPLACE | COPY}

lock_option:
    LOCK [=] {DEFAULT | NONE | SHARED | EXCLUSIVE}
```

(3)EXPLAIN分析工具

EXPLAIN是MySQL必不可少的一个分析工具,主要用来测试SQL语句的性能及对SQL语句的优化,或者说模拟优化器执行SQL语句。在SELECT语句之前增加EXPLAIN关键字,执行后MySQL就会返回执行计划的信息,而不是执行SQL语句。但如果FROM中包含子查询,MySQL仍会执行该子查询,并把子查询的结果放入临时表中。

EXPLAIN语句执行后的结果表中列的含义如下:

①id列:id列的编号是SELECT的序列号,有几个SELECT就有几个id,并且id是按照SELECT出现的顺序增长的,id列的值越大,优先级越高,id相同则是按照执行计划列从上往下执行,id为空则是最后执行。

②select_type列:表示对应行是简单查询还是复杂查询。

- simple:不包含子查询和UNION的简单查询。
- primary:复杂查询中最外层的SELECT。
- subquery:包含在SELECT中的子查询(不在FROM的子句中)。

③table列:表示当前行访问的是哪张表。当FROM中有子查询时,table列的格式为<derivedN>,表示当前查询依赖id=N行的查询,所以先执行id=N行的查询。当有UNION查询时,UNION RESULT的table列的值为<union1,2>,1和2表示参与UNION的行id。

④partitions列:查询将匹配记录的分区。对于非分区表,该值为NULL。

⑤type列:表示关联类型或访问类型,也就是MySQL决定如何查找表中的行。依次从最优到最差分别为:system > const > eq_ref > ref > range > index > ALL。

- NULL:MySQL能在优化阶段分解查询语句,在执行阶段不用再去访问表或者索引。
- system、const:MySQL对查询的某部分进行优化并把其转化成一个常量(可以通过show warnings命令查看结果)。system是const的一个特例,表示表里只有一条元组匹配时为system。
- eq_ref:主键或唯一键索引被连接使用,最多只会返回一条符合条件的记录。简单的SELECT查询不会出现这种type。
- ref:相比eq_ref,不使用唯一索引,而是使用普通索引或者唯一索引的部分前缀,索引和某个值比较,会找到多个符合条件的行。
- range:通常出现在范围查询中,比如IN、BETWEEN、大于、小于等。使用索引来检索给定范围的行。
- index:扫描全索引拿到结果,一般是扫描某个二级索引,二级索引一般比较少,所以通常比ALL快一点。
- ALL:全表扫描,扫描聚簇索引的所有叶子节点。

⑥possible_keys列:此列显示在查询中可能用到的索引。如果该列为NULL,则表示没有相关索引,可以通过检查WHERE子句看是否可以添加一个适当的索引来提高性能。

⑦key列:此列显示MySQL在查询时实际用到的索引。在执行计划中可能出现possible_keys列有值,而key列为NULL,这种情况可能是表中数据不多,MySQL认为索引对当前查询帮助不大而选择了全表查询。如果想强制MySQL使用或忽视possible_keys列中的索引,在查询时可使用force index、ignore index。

⑧key_len列：此列显示MySQL在索引里使用的字节数，通过此列可以算出具体使用了索引中的哪些列。索引最大长度为768字节，当长度过大时，MySQL会做一个类似最左前缀处理，将前半部分字符提取出做索引。当字段可以为NULL时，还需要1个字节去记录。

⑨ref列：此列显示key列记录的索引中，表查找值时使用到的列或常量。常见的有const、字段名。

⑩rows列：此列是MySQL在查询中估计要读取的行数。注意这里不是结果集的行数。

⑪Extra列：此列是一些额外信息。常见的重要值如下：

- Using index：使用覆盖索引。
- Using where：使用WHERE语句来处理结果，并且查询的列未被索引覆盖。
- Using index condition：查询的列不完全被索引覆盖，WHERE条件中是一个查询范围。
- Using temporary：MySQL需要创建一张临时表来处理查询。出现这种情况一般是要进行优化的。
- Using filesort：将使用外部排序而不是索引排序，数据较小时从内存排序，否则需要在磁盘完成排序。
- Select tables optimized away：使用某些聚合函数（比如MAX、MIN）来访问存在索引的某个字段时，优化器会通过索引直接一次定位到所需要的数据行完成整个查询。

实验7.1　索引的创建

【实验目的】

①掌握使用图形界面工具创建索引。
②掌握使用SQL创建索引。

【实验内容】

①使用图形界面工具对orders表的ordno列创建主键，系统自动生成相应的主键索引。
②使用图形界面工具对customers表的city列创建全文索引citiesx。
③使用SQL在agents表中创建唯一性索引aidx，保证每一行都有唯一的aid值。

【实验步骤】

(1)使用图形界面工具创建主键索引

对orders表的ordno列创建主键，则系统自动生成相应的主键索引。
①启动MySQL Workbench。单击"local instance"，按照默认方式连接服务器。
②在"Navigator"导航栏的"Schemas"选项页中依次展开节点"sales"→"Tables"，右击"orders"，在快捷菜单中选择"Alter Table..."选项，在查询窗口中显示表的结构。
③如果ordno列还未设置为主键，则选择"ordno"列，单击"PK"下的复选框按钮，或者

选中右下侧的"Primary Key"按钮,单击"Apply"应用修改设置,在"ordno"列的左侧显示一把钥匙,表示已设置为主键。

④单击"Index"进入索引信息界面,如图 7.1 所示。可以看到,当前的索引名为"PRIMARY",类型为"PRIMARY",表示 PRIMARY 是为 ordno 建立主键时自动生成的主键索引。

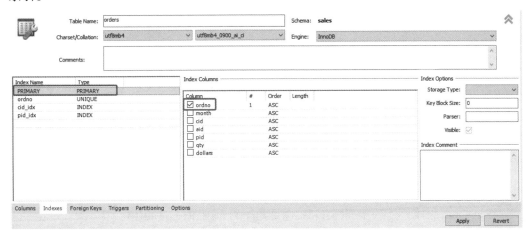

图7.1 "索引"对话框

(2)使用图形界面工具创建全文索引

对 customers 表的 city 列创建全文索引 citiesx。

①在"Navigator"导航栏的"Schemas"选项页中依次展开节点"sales"→"Tables",右击"customers",在快捷菜单中选择"Alter Table..."选项,在查询窗口中显示表的结构。

②添加索引。在"Index"页面,设置索引名称为"citiesx",选择索引类型为"FULLTEXT"。在右半部分选择该索引对应的表列"city","Index Options"中的其他选项可以进行查看或修改,这里采用默认设置,然后单击"Apply"按钮,索引即可创建成功,如图7.2所示。

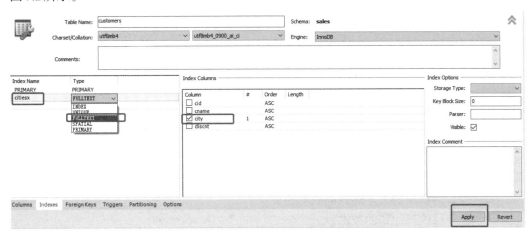

图7.2 创建空间索引

③查看数据库中的索引信息。可以在"Navigator"导航栏的"Schemas"选项页的"customers"下查看是否存在索引"citiesx",如果未显示,在"index"右击鼠标,在显示的快捷菜单中选择"refresh all",再次查看,如图7.3所示。

图7.3　查看新建的索引

(3)使用SQL创建唯一性索引

在agents表中创建唯一性索引aidx,保证每一行都有唯一的aid值。

①在图标菜单中单击第一个图标 ，新建一个查询窗口。
②在查询窗口输入下面的SQL语句:

```
CREATE UNIQUE INDEX aidx ON agents (aid);
```

③单击工具栏中的 图标,执行上面的SQL语句,如图7.4所示。成功之后,可以在导航栏中先刷新后查看是否存在aidx索引。

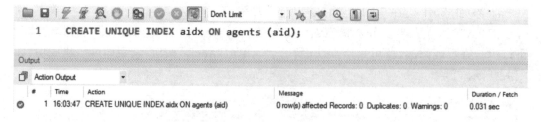

图7.4　新建唯一索引

实验7.2　索引的测试

【实验目的】

①掌握如何创建索引才能提高查询速度。
②掌握获得执行计划的方法。

【实验内容】

新建测试数据表,建立存储过程插入数据到测试表,比较索引建立前后的查询速度以及分析索引与查询语句的关系。

【实验步骤】

使用SQL新建测试数据表test,建立存储过程批量插入数据到测试表,比较未建立索引和在不同列上建立索引后的查询语句的查询速度,分别获得执行计划并分析索引和查询语句的关系。

①在图标菜单中单击第一个图标 ,新建一个查询窗口。

②在查询窗口输入下面的SQL语句并执行,创建测试索引的数据表test。

```
CREATE TABLE test(
id INT,
name VARCHAR(20),
gender CHAR(6),
email VARCHAR(50)
);
```

③再次创建一个查询窗口,输入以下SQL语句,创建批量插入数据的存储过程,实现批量插入记录。

```
DELIMITER $$
CREATE PROCEDURE auto_insert1()
BEGIN
DECLARE i INT DEFAULT 1;
WHILE(i<=50000)DO
INSERT INTO test VALUES(i, CONCAT('e', i), 'male', CONCAT('e', i, '@oldboy'));
SET i=i+1;
END WHILE;
END$$
DELIMITER ;
```

④执行上面的语句,完成创建后刷新数据库可以看到新建立的存储过程,如图7.5所示。

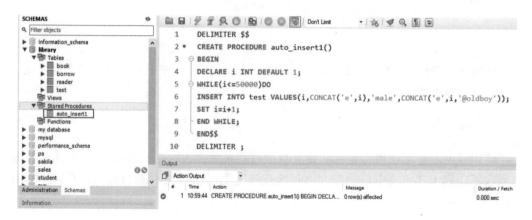

图7.5 新建存储过程批量插入数据

⑤新建查询窗口，输入下面的SQL语句调用存储过程，由于插入数据量较大，存储过程执行结束大概要花费将近60秒的时间。

```
CALL auto_insert1();
```

⑥查询test表的数据，在查询窗口输入SQL语句并执行，如图7.6所示，表test的数据共有50 000行。

```
1 •    SELECT * FROM library.test;
```

id	name	gender	email
49990	e49990	male	e49990@oldboy
49991	e49991	male	e49991@oldboy
49992	e49992	male	e49992@oldboy
49993	e49993	male	e49993@oldboy
49994	e49994	male	e49994@oldboy
49995	e49995	male	e49995@oldboy
49996	e49996	male	e49996@oldboy
49997	e49997	male	e49997@oldboy
49998	e49998	male	e49998@oldboy
49999	e49999	male	e49999@oldboy
50000	e50000	male	e50000@oldboy

test 1 ×   ❶ Read Only

Output

#	Time	Action	Message	Duration / Fetch
1	10:59:44	CREATE PROCEDURE auto_insert1() BE...	0 row(s) affected	0.000 sec
2	11:01:37	CALL auto_insert1()	1 row(s) affected	59.860 sec
3	11:03:37	SELECT * FROM library.test	50000 row(s) returned	0.000 sec / 0.031 sec

图7.6 执行存储过程后查询test表数据

⑦在没有索引的前提下测试查询速度。查询 name 为′e1000′的元组,输入以下 SQL 语句并执行,结果如图7.7所示,记下语句的执行时间。

```
SELECT * FROM test WHERE name='e1000';
```

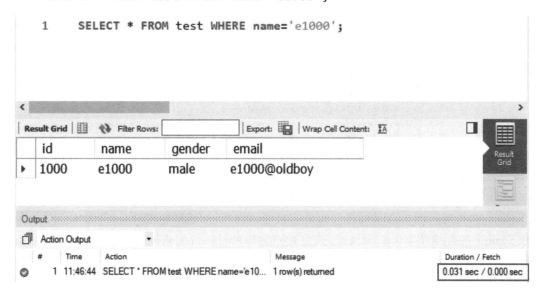

图7.7 没有索引的查询

⑧使用 EXPLAIN 语句获得上面查询语句的执行计划,输入以下 SQL 语句并执行,结果如图7.8所示。

```
EXPLAIN SELECT * FROM test WHERE name='e1000';
```

id	select_type	table	partitions	type	possible_keys	key	key_len	ref	rows	filtered	Extra
1	SIMPLE	test	NULL	ALL	NULL	NULL	NULL	NULL	50170	10.00	Using where

图7.8 使用 EXPLAIN 语句获得查询语句的执行计划

⑨在 id 列上加上索引并测试查询速度。输入以下 SQL 语句并执行,结果如图7.9所示,发现以 id 为数据项建立索引后,查询时,发现查询速度并没有加快。再次运行步骤⑦的 EXPLAIN 语句获得该查询语句的执行计划,发现执行结果和图7.8一样,说明该查询语句执行时并没有使用到 idx 索引,仍然是采用表扫描的方式完成的查询。

```
CREATE INDEX idx ON test(id);
SELECT * FROM test WHERE name='e1000';
```

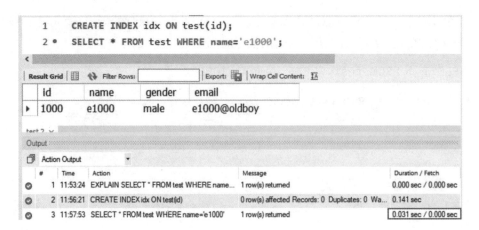

图7.9　在id列建立索引后的查询

⑩在name列上创建索引并测试查询速度。输入以下SQL语句,选择第二条查询语句先执行,执行时间为0.031秒,再选择创建索引语句执行,成功创建以name为索引项的索引namex,再次选择查询语句执行,执行时间为0.000秒,说明查询速度已经提高,结果如图7.10所示。运行步骤⑦的EXPLAIN语句获得该查询语句的执行计划,执行结果如图7.11所示。查看key列,说明该查询语句执行时使用到namex索引,从而大大提高了查询速度。

```
CREATE INDEX namex ON test(name);
SELECT * FROM test WHERE name='e1000';
```

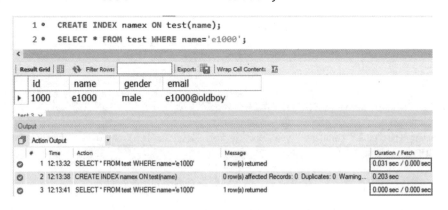

图7.10　在name列建立索引及查询

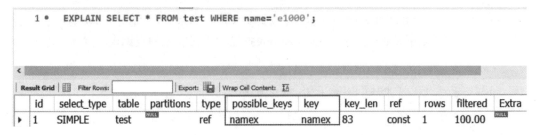

图7.11　使用EXPLAIN语句再次获得查询语句的执行计划

实验7.3　索引的管理

【实验目的】

①掌握使用图形界面工具重命名索引。
②掌握使用图形界面工具查看和修改索引。
③掌握使用图形界面工具删除索引。
④掌握使用SQL删除索引。

【实验内容】

①使用图形界面工具将索引citiesx重命名为city_index。
②使用图形界面工具查看和修改索引city_index。
③使用图形界面工具删除索引city_index。
④使用SQL删除索引aidx。

【实验步骤】

(1)使用图形界面工具重命名索引

将索引citiesx重命名为city_index。
①在"Navigator"导航栏的"Schemas"选项页中依次展开节点"sales"→"Tables",右击"orders",在快捷菜单中选择"Alter Table..."选项,在查询窗口中显示表的结构。
②重命名索引。在"Index"页面双击"Index Name"下的"citiesx",修改索引名称为"city_index"。单击"Apply"按钮应用修改,如图7.12所示。

图7.12　索引重命名

(2)使用图形界面工具查看和修改索引

查看和修改索引city_index。
①在"Navigator"导航栏的"Schemas"选项页中依次展开节点"sales"→"Tables",右击

"customers",在快捷菜单中选择"Alter Table..."选项,在查询窗口中显示表的结构。

②在"Index"页面,单击选中索引"city_index"。右侧的"Index Options"部分被激活,可在此部分查看与修改此索引的相关属性,如图7.13所示。

③修改属性后,单击"Apply"按钮可应用修改设置。

图7.13　查看与修改索引

(3)使用图形界面工具删除索引

删除索引 city_index。

①在"Navigator"导航栏的"Schemas"选项页中依次展开节点"sales"→"Tables",右击"customers",在快捷菜单中选择"Table Inspector"选项,在查询窗口中显示表的相关属性。

②单击"Indexes"进入索引信息的界面,选中想要删除的索引 city_index,再单击"Drop Index"即可删除对应的索引,如图7.14所示。

③可以在导航栏中先刷新后查看索引 city_index 是否已经删除。

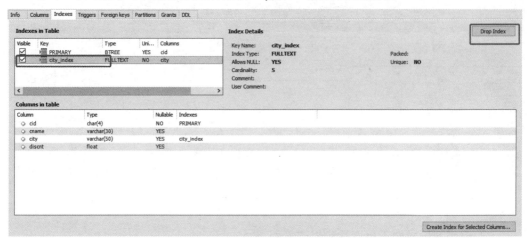

图7.14　使用图形界面工具删除索引

（4）使用SQL删除索引

删除索引aidx。

①在图标菜单中单击第一个图标 ，新建一个查询窗口。

②在查询窗口输入下面的SQL语句：

```
DROP INDEX aidx ON agents;
```

③单击工具栏中的 图标，执行上面的SQL语句，如图7.15所示。成功之后，可以在导航栏中先刷新后查看索引aidx是否已经删除。

图7.15 使用SQL删除索引

习 题

针对数据库library（表结构和内容见附录）进行下面的实验：

1.使用图形界面工具对reader表的读者编号（rno）列创建主键索引。

2.使用图形界面工具对book表的btitle列创建全文索引btix。

3.使用SQL在book表中的bno创建一个唯一性索引bnox。

4.使用图形界面工具将索引btix重命名为title_index。

5.使用图形界面工具查看索引title_index。

6.使用图形界面工具删除索引title_index。

7.使用SQL删除索引bnox。

8.仿照实验7.2，设计一个检测索引功能的实验。

实验 8
视 图　···○

　　视图是从一个或者几个基本表导出的表,是一个虚表。在定义一个视图时,只是把其定义存放在系统数据库中,而不是直接存储视图对应的数据,直到用户使用视图时才去查找对应的数据。视图一经定义,就可以和基本表一样被查询,也可以在一个视图之上再定义新的视图,但是对视图的更新(增加、删除、修改)操作则有一定的限制。

【实验目的】

①理解视图的概念和作用。
②掌握视图创建的方法。
③掌握视图删除的方法。
④掌握视图更新的方法。

【知识要点】

(1)创建与更新视图的语法格式

```
CREATE
    [OR REPLACE]
    [ALGORITHM = {UNDEFINED | MERGE | TEMPTABLE}]
    [DEFINER = user]
    [SQL SECURITY {DEFINER | INVOKER}]
    VIEW view_name [(column_list)]
    AS select_statement
[WITH [CASCADED | LOCAL] CHECK OPTION]
```

说明:其中常用的子句或参数解释如下。
①[OR REPLACE]表示当已具有同名的视图时,将覆盖原视图。
②ALGORITHM:表示视图选择的算法。
• UNDEFINED:MySQL 自动选择所要使用的算法。
• MERGE:将使用视图的语句与视图定义合并起来。
• TEMPTABLE:将视图的结果存入临时表,然后使用临时表执行语句。建临时表开销较大,适合于较复杂的视图,比如有聚合函数的视图等。

③WITH CHECK OPTION:强制视图上执行的所有数据修改语句都必须符合由 select_statement 设置的准则。通过视图修改行时,WITH CHECK OPTION 可确保提交修改后,仍可通过视图看到修改的数据。

④CASCADED:修改视图时,需要满足与该视图有关的所有相关视图和表的条件,该参数为默认值。

⑤LOCAL:修改视图时,只要满足该视图本身定义的条件即可。

(2)删除视图的语法格式

```
DROP VIEW [IF EXISTS]
view_name [, view_name] ...
[RESTRICT | CASCADE]
```

实验8.1 视图的创建

【实验目的】

掌握使用SQL创建视图。

【实验内容】

①使用SQL创建一个 v_agentorder 视图,其数据来源于2个基本表 orders 和 agents。视图 v_agentorder 扩展了表 orders 的行,包含已订货的代理商的所有信息。

②使用SQL创建一个 cacities 视图,列出表 customers 和表 agents 中所有配对的城市,满足一个城市的代理商为另一个城市的顾客下了一份订单。

【实验步骤】

(1)使用SQL创建视图一

创建一个 v_agentorder 视图,其数据来源于2个基本表 orders 和 agents。视图 v_agentorder 扩展了表 orders 的行,包含已订货的代理商的所有信息。

①启动 MySQL Workbench。单击"local instance",按照默认方式连接服务器。

②在图标菜单中单击第一个图标 [SQL图标],新建一个查询窗口。

③在查询窗口输入下面的SQL语句:

```
CREATE VIEW v_agentorder AS
SELECT orders.*, agents.aname, agents.city, agents.percent
FROM agents,orders WHERE agents.aid=orders.aid;
```

④单击工具栏中的 图标,执行上面的SQL语句,如图8.1所示。成功之后,可以在导航栏中先刷新后查看。

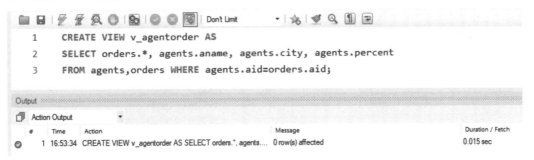

图8.1 创建视图v_agentorder

(2)使用SQL创建视图二

创建一个cacities视图,列出表customers和表agents中所有配对的城市,满足一个城市的代理商为另一个城市的顾客下了一份订单。

①在图标菜单中单击第一个图标 ,新建一个查询窗口。

②在查询窗口输入下面的SQL语句:

```
CREATE VIEW cacities(ccity, acity) AS
SELECT c.city, a.city
FROM customers c, orders o, agents a
WHERE c.cid = o.cid and o.aid = a.aid;
```

③单击工具栏中的 图标,执行上面的SQL语句,如图8.2所示,成功之后可以在导航栏中先刷新后查看是否存在cacities视图。

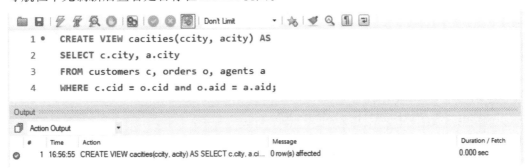

图8.2 创建视图cacities

④在左侧"Schemas"选项卡中右击视图,选择"select rows"查看新建视图,如图8.3和图8.4所示。

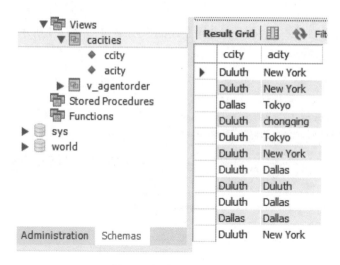

图8.3　查看cacities视图

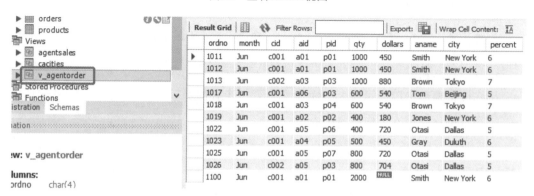

图8.4　查看v_agentorder视图

实验8.2　视图的使用

【实验目的】

①掌握视图的使用。
②掌握创建视图语句中 WITH CHECK OPTION 子句的作用。
③理解可更新视图和只读视图的区别。

【实验内容】

①使用v_agentorder视图计算 New York 的代理商的订单总金额。
②创建custs视图,获得折扣率小于等于15的顾客信息,并且强制视图上执行的所有数据修改语句都必须符合discnt<=15。
③创建agentsales视图,包含所有下过订单的代理商的aid值以及他们的销售总额。通过该视图更新相应基表,查看执行结果。

④对视图 v_agentorder 执行 SQL 语句：UPDATE v_agentorder SET month='Jun'，查看执行结果。

【实验步骤】

(1)使用视图计算订单总金额

使用 v_agentorder 视图计算 New York 的代理商的订单总金额。

①在图标菜单中单击第一个图标 ，新建一个查询窗口。

②在查询窗口输入下面的 SQL 语句：

```sql
SELECT SUM(dollars) 订单金额总数 FROM v_agentorder
WHERE city='new york';
```

③单击工具栏中的 ⚡ 图标，执行上面的 SQL 语句，如图 8.5 所示。

订单金额总数
1080

图8.5　执行结果

(2)创建带有 WITH CHECK OPTION 的视图

创建 custs 视图，获得折扣率小于等于 15 的顾客信息，并且强制视图上执行的所有数据修改语句都必须符合 discnt<=15。

①在图标菜单中单击第一个图标 ，新建一个查询窗口。

②建立 custs 视图，在查询窗口输入下面的 SQL 语句：

```sql
CREATE VIEW custs AS SELECT * FROM customers WHERE discnt<=15
WITH CHECK OPTION;
```

③单击工具栏中的 ⚡ 图标，执行上面的 SQL 语句，如图所示。

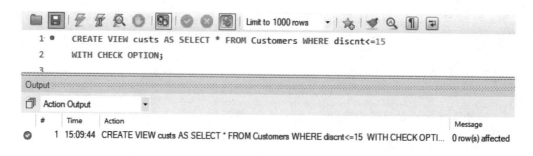

图8.6 建立"custs"视图

④新建查询窗口,输入下面的SQL语句:

```
UPDATE custs SET discnt=discnt+4;
```

⑤单击工具栏中的 按钮,显示提示如图8.7所示。

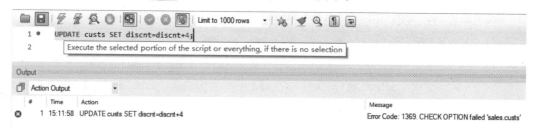

图8.7 执行结果

说明:为什么会出现这种报错的情况? 因为建立视图时的WITH CHECK OPTION子句要保证通过视图对基表的更新应该符合WHERE条件,即discnt<=15。而customers的内容如图8.8所示,对于顾客c002,discnt增加4后变成16.0,则违背了WHERE条件要求,所以图8.7的UPDATE语句不会执行成功。

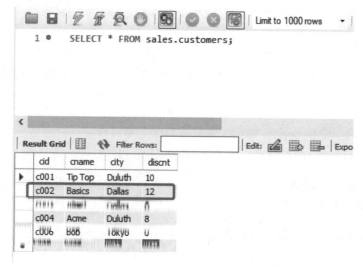

图8.8 customers表的内容

思考：如果把UPDATE语句修改为UPDATE custs SET discnt=discnt+3，是否能成功执行？

（3）创建视图agentsales

创建视图agentsales，包含所有下过订单的代理商的aid值以及他们的销售总额。通过该视图更新，查看执行结果。

①在图标菜单中单击第一个图标 ，新建一个查询窗口。

②建立视图agentsales，在查询窗口输入下面的SQL语句：

```
CREATE VIEW agentsales(aid,totsales) AS SELECT aid,SUM(dollars)
FROM orders GROUP BY aid;
```

③单击工具栏中的 　 图标，执行上面的SQL语句，如图8.9所示。

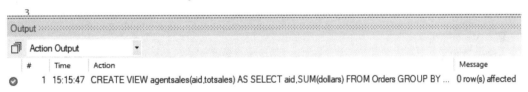

图8.9　创建视图agentsales

④新建查询窗口，输入下面的SQL语句：

```
UPDATE agentsales SET totsales=totsales+1000;
```

⑤单击工具栏中的 　 图标，执行上面的SQL语句，显示提示如图8.10所示。

图8.10　更新语句执行结果

思考：为什么会出现这种报错的情况？

（4）对视图执行更新语句

对视图v_agentorder执行SQL语句：UPDATE agentorders SET month='Jun'，查看执行结果。

①在图标菜单中单击第一个图标 ,新建一个查询窗口。

②输入下面的SQL语句：

```
UPDATE v_agentorder SET month='Jun';
```

③单击工具栏中的 图标,执行上面的SQL语句,显示提示如图8.11所示。

图8.11 视图更新执行结果

说明：这里可能会出现安全模式的错误,需要用户手动关闭安全模式,解决方式是先依次单击MySQL Workbench菜单栏上的"Edit"→"Preferences",切换到"SQL Editor"页面,关闭安全模式如图8.12所示。

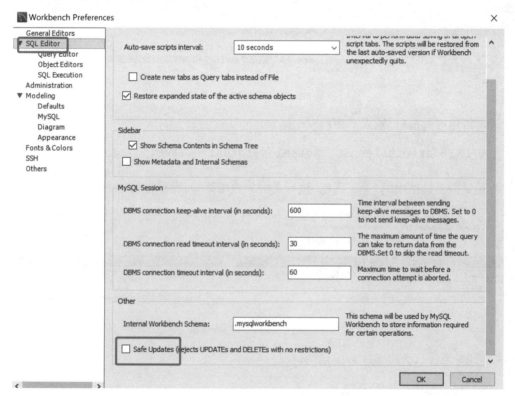

图8.12 关闭安全模式

说明：为什么agentorders的子查询语句包括了两个表,但是这条更新语句能够成功执行呢？因为这个更新语句能够转化为对其基表的更新。

实验8.3　视图的修改

【实验目的】

①掌握使用图形界面工具修改视图的定义。
②掌握使用SQL修改视图的定义。

【实验内容】

①使用图形界面工具修改cacities视图的定义，增加aid和cid字段。
②使用SQL修改agentorders的定义，将month字段去掉。

【实验步骤】

(1)使用图形界面工具修改视图

修改cacities视图的定义，增加aid和cid字段。

①在"Navigator"导航栏的"Schemas"选项页中依次展开节点"sales"→"Views"，右击"cacities"，在快捷菜单中选择"Alter view"选项。

②界面展示了视图定义的SQL语句，按图8.13所示，添加SQL语句，并单击"Apply"应用设置。

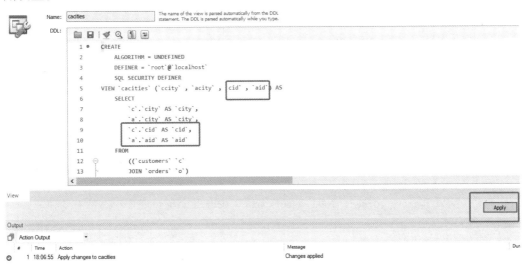

图8.13　修改视图cacities

③验证视图定义是否修改，输入SQL语句，结果如图8.14所示。

```
SELECT * FROM cacities;
```

```
1    SELECT * FROM cacities;
```

	ccity	acity	cid	aid
▶	Duluth	New York	c001	a01
	Duluth	New York	c001	a01
	Dallas	Tokyo	c002	a03
	Duluth	chongqing	c001	a06
	Duluth	Tokyo	c001	a03
	Duluth	New York	c001	a02
	Duluth	Dallas	c001	a05
	Duluth	Duluth	c001	a04
	Duluth	Dallas	c001	a05
	Dallas	Dallas	c002	a05
	Duluth	New York	c001	a01

图8.14　修改后的视图cacities

(2)使用SQL修改视图

修改V_agentorder的定义,将month字段去掉。

①在图标菜单中单击第一个图标 ,新建一个查询窗口。

②在查询窗口输入下面的SQL语句:

```
ALTER VIEW V_agentorder AS SELECT ordno, cid,orders.aid,pid,qty,
dollars, aname, city, percent
FROM agents ,orders WHERE agents.aid = orders.aid;
```

③单击工具栏中的 图标,执行上面的SQL语句,如图8.15所示。

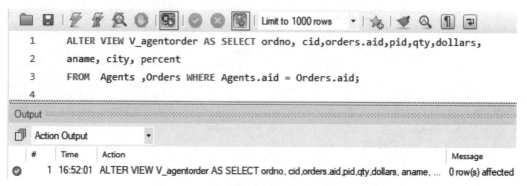

图8.15　修改视图V_agentorder

④验证视图定义是否修改,输入SQL语句,结果如图8.16所示。

```
SELECT * FROM sales.V_agentorder;
```

```
 1 ●    SELECT * FROM sales.V_agentorder;
```

	ordno	cid	aid	pid	qty	dollars	aname	city	percent
▶	1011	c001	a01	p01	1000	450	Smith	New York	6
	1012	c001	a01	p01	1000	450	Smith	New York	6
	1013	c002	a03	p03	1000	880	Brown	Tokyo	7
	1017	c001	a06	p03	600	540	Tom	Beijing	5
	1018	c001	a03	p04	600	540	Brown	Tokyo	7
	1019	c001	a02	p02	400	180	Jones	New York	6
	1022	c001	a05	p06	400	720	Otasi	Dallas	5
	1023	c001	a04	p05	500	450	Gray	Duluth	6
	1025	c001	a05	p07	800	720	Otasi	Dallas	5
	1026	c002	a05	p03	800	704	Otasi	Dallas	5
	1100	c001	a01	p01	2000	NULL	Smith	New York	6

图8.16 修改后的视图V_agentorder

实验8.4 视图的删除

【实验目的】

①掌握使用图形界面工具删除视图。
②掌握使用SQL删除视图。

【实验内容】

①使用图形界面工具删除视图agentsales。
②使用SQL删除视图custs。

【实验步骤】

(1)使用图形界面工具删除视图agentsales

①在"Navigator"导航栏的"Schemas"选项页中依次展开节点"sales"→"View",单击要删除的视图名"agentsales",右击后在快捷菜单中选择"Drop View"选项,显示"Drop View"

对话框后，单击"Drop Now"按钮即可。

②可以在导航栏中先刷新后查看视图 agentsales 是否已经删除。

（2）使用 SQL 删除视图 custs

①在图标菜单中单击第一个图标 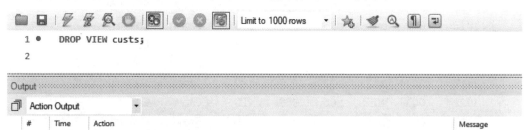，新建一个查询窗口。

②在查询窗口输入下面的 SQL 语句：

```sql
DROP VIEW custs;
```

③单击工具栏中的 图标，执行上面的 SQL 语句，如图 8.17 所示。成功之后，可以在导航栏中先刷新后查看视图 custs 是否已经删除，如图 8.18 所示。

图8.17   删除视图 custs

图8.18   删除后的视图

习　题

针对数据库 library（表结构和内容见附录）进行下面的实验。

1. 创建一个视图 view_borrow，显示读者的借书记录，包括读者姓名（rno）、书名（btitle）、借书日期（borrowdate）。

2. 创建一个学历（reducation）为研究生的读者的视图 view_reader1，视图的属性名包括 rno，rname，reducation。

3.创建一个学历(reducation)为"研究生"的读者的视图 view_reader2,视图的属性名包括 rno,rname,reducation,增加 WITH CHECK OPTION 子句。

4.通过视图 view_borrow 查询读者借书记录。

5.通过视图 view_reader1 插入信息 rno 为"R07",rname 为"张三",reducation 为"本科"。

6.通过视图 view_reader2 插入信息 rno 为"R07",rname 为"张三",reducation 为"本科",执行结果与题5进行比较。

7.通过视图 view_reader1 将编号(rno)为"R01"的读者的学历(reducation)改为"本科"。

8.更改视图定义 view_borrow,增加"作者"字段。

9.删除视图 view_reader2。

实验 9
数据库安全性控制 ⋯⋯⋯⋯⋯⋯⋯⋯⋯⋯⋯⋯⋯⋯⋯⋯

数据库的安全性是指数据库的任何部分都不允许受到恶意侵害或未经授权地存取和修改。数据库管理系统必须提供可靠的保护措施，确保数据库的安全性。数据库管理系统一般采用用户标识和鉴别、存取控制、视图、加密存储、审计等技术进行安全控制。

【实验目的】

①理解数据库安全的重要性。
②理解 MySQL 用户管理、角色管理和权限管理。
③掌握创建、更名、修改登录账户口令和删除登录账户的方法。
④掌握创建、激活、删除角色以及将用户添加为角色成员的方法。
⑤掌握授予和撤销数据库权限的方法。

【知识要点】

(1)用户管理

MySQL 用户包括 root 用户和普通用户，root 用户是超级管理员，拥有所有的权限，而普通用户只拥有创建该用户时赋予它的权限。在 MySQL 数据库中，为了防止非授权用户对数据库进行存取，DBA 可以创建登录用户、修改用户信息和删除用户。

1)创建普通用户的语法格式

```
CREATE USER [IF NOT EXISTS]
    user [auth_option] [, user [auth_option]] ...
    DEFAULT ROLE role [, role ] ...
    [REQUIRE {NONE | tls_option [[AND] tls_option] ...}]
    [WITH resource_option [resource_option] ...]
    [password_option | lock_option] ...
[COMMENT 'comment_string' | ATTRIBUTE 'json_object']
auth_option: {
    IDENTIFIED BY 'auth_string'
  | IDENTIFIED BY RANDOM PASSWORD
  | IDENTIFIED WITH auth_plugin
  | IDENTIFIED WITH auth_plugin BY 'auth_string'
```

```
    | IDENTIFIED WITH auth_plugin BY RANDOM PASSWORD
    | IDENTIFIED WITH auth_plugin AS 'auth_string'
    | IDENTIFIED WITH auth_plugin [initial_auth_option]
}
initial_auth_option: {
        INITIAL AUTHENTICATION IDENTIFIED BY {RANDOM PASSWORD |
'auth_string'}
    | INITIAL AUTHENTICATION IDENTIFIED WITH auth_plugin AS
'auth_string'
}
tls_option: {
    SSL
    | X509
    | CIPHER 'cipher'
    | ISSUER 'issuer'
    | SUBJECT 'subject'
}

resource_option: {
    MAX_QUERIES_PER_HOUR count
    | MAX_UPDATES_PER_HOUR count
    | MAX_CONNECTIONS_PER_HOUR count
    | MAX_USER_CONNECTIONS count
}
password_option: {
    PASSWORD EXPIRE [DEFAULT | NEVER | INTERVAL N DAY]
    | PASSWORD HISTORY {DEFAULT | N}
    | PASSWORD REUSE INTERVAL {DEFAULT | N DAY}
    | PASSWORD REQUIRE CURRENT [DEFAULT | OPTIONAL]
    | FAILED_LOGIN_ATTEMPTS N
    | PASSWORD_LOCK_TIME {N | UNBOUNDED}
}
lock_option: {
    ACCOUNT LOCK
    | ACCOUNT UNLOCK
    }
```

2)重命名用户的语法格式

```
RENAME USER old_user TO new_user
    [, old_user TO new_user] ...
```

3)修改用户口令语法格式

```
SET PASSWORD [FOR user] auth_option
    [REPLACE 'current_auth_string']
    [RETAIN CURRENT PASSWORD]
auth_option: {
    = 'auth_string'
  | TO RANDOM
}
```

4)删除用户的语法格式

```
DROP USER [IF EXISTS] user [, user] ...
```

在 MySQL 中,可以使用 DROP USER 语句删除用户,也可以直接在 mysql.user 表中删除用户以及相关权限。

(2)角色

角色可以看作一个权限的集合,这个集合有一个统一的名字,称为角色名。可以给多个数据库用户授予同个角色的权限,权限变更可直接通过修改角色来实现,不需要对每个用户逐个去变更,方便运维和管理。角色可以创建、删除、修改并作用到它管理的用户上。

1)创建角色的语法格式

```
CREATE ROLE [IF NOT EXISTS] role [, role ] ...
```

2)为用户分配角色的语法格式

```
GRANT role [, role] ...
    TO user_or_role [, user_or_role] ...
    [WITH ADMIN OPTION]
```

3)角色激活的语法格式

```
SET DEFAULT ROLE
    {NONE | ALL | role [, role ] ...}
    TO user [, user ] ...
```

4)角色撤销的语法格式

```
REVOKE [IF EXISTS] role [, role ] ...
    FROM user_or_role [, user_or_role ] ...
        [IGNORE UNKNOWN USER]
```

使用REVOKE语句回收分配给用户的角色,回收后用户不再具有角色拥有的权限。

(3)权限管理

用户若要对某个数据库进行修改或访问,必须具有相应的权限,这种权限涉及库、表和字段3种级别。权限既可以直接获得,也可以通过成为角色成员来继承角色的权限。

1)权限分类

权限的种类分为两种:对象权限和用户权限。

①对象权限:对象权限指对已存在的数据库对象的操作权限,包括对数据库对象的一些操作许可权限,比如 SELECT、INSERT、UPDATE、DELETE、EXECUTE、ALTER、DROP、INDEX、REFERENCES、ALTER ROUTINE 等

②用户权限:用户权限指 MySQL 中所有的数据库相关活动的权限。例如 CREATE、CREATE USER、CREATE ROUTINE、CREATE VIEW、CREATE TABLESPACE、CREATE TEMPORARY TABLES、EVENT、FILE、PROCESS、RELOAD、SHOW DATABASES、USAGE、SUPER、SHUTDOWN、SHOW VIEW、TRIGGER、LOCK等。

2)权限授予语法格式

```
GRANT
    priv_type [(column_list)]
      [, priv_type [(column_list)]] ...
    ON [object_type] priv_level
    TO user_or_role [, user_or_role] ...
    [WITH GRANT OPTION]
    [AS user
        [WITH ROLE
            DEFAULT
          | NONE
          | ALL
          | ALL EXCEPT role [, role ] ...
          | role [, role ] ...
        ]
    ]

object_type: {
    TABLE
  | FUNCTION
  | PROCEDURE
}

priv_level: {
    *
  | *.*
  | db_name.*
  | db_name.tbl_name
  | tbl_name
```

| db_name.routine_name

}

priv_type：包括下面这些权限。

①All/All Privileges 权限代表全局或者全数据库对象级别的所有权限。

②Alter 权限代表允许修改表结构的权限，但必须要求有 create 和 insert 权限配合。如果是 rename 表名，则要求有 alter 和 drop 原表、create 和 insert 新表的权限。

③Alter routine 权限代表允许修改或者删除存储过程、函数的权限。

④Create 权限代表允许创建新的数据库和表的权限。

⑤Create routine 权限代表允许创建存储过程、函数的权限。

⑥Create tablespace 权限代表允许创建、修改、删除表空间和日志组的权限。

⑦Create temporary tables 权限代表允许创建临时表的权限。

⑧Create user 权限代表允许创建、修改、删除、重命名 user 的权限。

⑨Create view 权限代表允许创建视图的权限。

⑩Delete 权限代表允许删除行数据的权限。

⑪Drop 权限代表允许删除数据库、表、视图的权限，包括 truncate table 命令。

⑫Event 权限代表允许查询、创建、修改、删除 MySQL 事件。

⑬Execute 权限代表允许执行存储过程和函数的权限。

⑭File 权限代表允许在 MySQL 可以访问的目录进行读写磁盘文件操作，可使用的命令包括 load data infile，select ... into outfile，load file()函数。

⑮Grant option 权限代表是否允许此用户授权或者收回给其他用户给予的权限。

⑯Index 权限代表是否允许创建和删除索引。

⑰Insert 权限代表是否允许在表里插入数据，同时在执行 analyze table，optimize table，repair table 语句的时候也需要 insert 权限。

⑱Lock 权限代表允许对拥有 select 权限的表进行锁定，以防止其他链接对此表的读或写。

⑲Process 权限代表允许查看 MySQL 中的进程信息，比如执行 show processlist、mysqladmin processlist、show engine 等命令。

⑳Reference 权限代表是否允许创建外键。

㉑Reload 权限代表允许执行 flush 命令，指明重新加载权限表到系统内存中，refresh 命令代表关闭和重新开启日志文件并刷新所有的表。

㉒Replication client 权限代表允许执行 show master status，show slave status，show binary logs 命令。

㉓Replication slave 权限代表允许 slave 主机通过此用户连接 master 以便建立主从复制关系。

㉔Select 权限代表允许从表中查看数据，某些不查询表数据的 select 执行则不需要此权限，如 Select 1+1，Select PI()+2；而且 select 权限在执行 update/delete 语句中含有 where

条件的情况下也是需要的。

㉕Show databases权限代表通过执行show databases命令查看所有的数据库名。

㉖Show view权限代表通过执行show create view命令查看视图创建的语句。

㉗Shutdown权限代表允许关闭数据库实例,执行语句包括mysqladmin shutdown。

㉘Super权限代表允许执行一系列数据库管理命令,包括kill强制关闭某个连接命令,change master to创建复制关系命令,以及create/alter/drop server等命令。

㉙Trigger权限代表允许创建、删除、执行、显示触发器的权限。

㉚Update权限代表允许修改表中的数据的权限。

㉛Usage权限是创建一个用户之后的默认权限,其本身代表链接登录权限。

3)权限回收语法格式

```
REVOKE [IF EXISTS]
    priv_type [(column_list)]
      [, priv_type [(column_list)]] ...
    ON [object_type] priv_level
    FROM user_or_role [, user_or_role] ...
    [IGNORE UNKNOWN USER]
REVOKE [IF EXISTS] ALL [PRIVILEGES], GRANT OPTION
    FROM user_or_role [, user_or_role] ...
        [IGNORE UNKNOWN USER]
```

实验9.1 用户管理

【实验目的】

①掌握创建MySQL登录用户的方法。

②掌握使用图形化界面创建MySQL登录用户的方法。

③掌握更名MySQL登录用户的方法。

④掌握修改MySQL登录用户口令的方法。

⑤掌握删除MySQL登录用户的方法。

【实验内容】

①使用SQL创建一个MySQL登录用户,登录名"SQLUser1",密码"pw123",验证用SQLUser1登录账户登录到MySQL。

②使用图形化界面创建一个MySQL登录用户,登录名"SQLUser2",密码"pw456",验证用SQLUser2登录账户登录到MySQL。

③使用SQL创建一个MySQL登录用户,登录名"SQLUser3",密码"pw789",重命名该

用户为"SQLUser4"。

④修改登录用户 SQLUser4 的口令为"new123"。

⑤删除登录用户 SQLUser4。

【实验步骤】

(1)使用 SQL 创建一个 MySQL 登录用户

创建一个 MySQL 登录用户,登录名"SQLUser1",密码"pw123",验证用 SQLUser1 登录账户登录到 MySQL。

①在图标菜单中单击第一个图标 ，新建一个查询窗口。

②在查询窗口中输入如下 SQL 语句:

```
CREATE USER 'SQLUser1'@'localhost' IDENTIFIED BY 'pw123';
```

③单击工具栏中的 图标,执行上面的 SQL 语句,如图 9.1 所示。

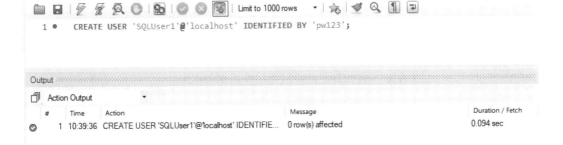

图9.1 创建 MySQL 登录账户

④验证使用 SQLUser1 账户登录。单击 MySQL 连接按钮,如图 9.2 所示。输入连接名字,"username"输入"SQLUser1",再输入正确密码,如图 9.3 和图 9.4 所示,单击"Test Connection"按钮,登录到 MySQL,就可以使用映射的数据库。

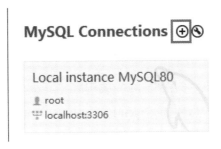

图9.2 创建 MySQL 连接

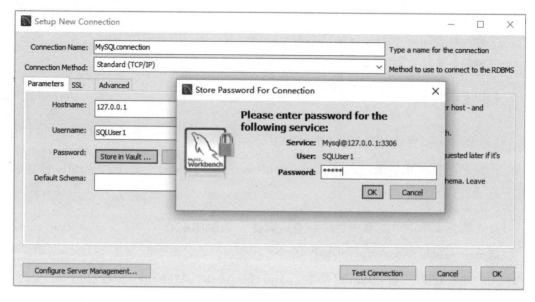

图9.3 账户SQLUser1信息输入

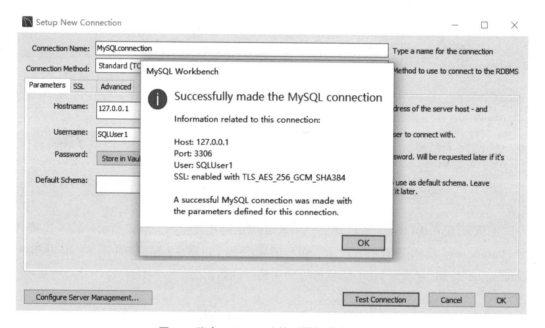

图9.4 账户SQLUser1连接到服务器的对话框

(2)使用图形化界面创建一个MySQL登录用户

创建一个MySQL登录用户,登录名"SQLUser2",密码"pw456",验证用SQLUser2登录账户登录到MySQL。

①通过root账户连接MySQL。

②单击"Administration"选项卡"MANAGEMENT"栏中的"Users and Privileges",如图9.5所示。

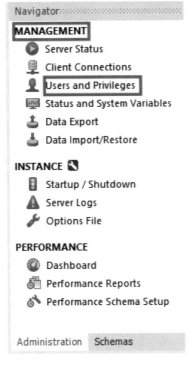

图9.5　"Administration"选项卡

③单击"Add account"按钮,输入登录用户名"SQLUser2",登录密码"pw456",主机匹配输入"localhost",单击"Apply"按钮创建用户,如图9.6所示。

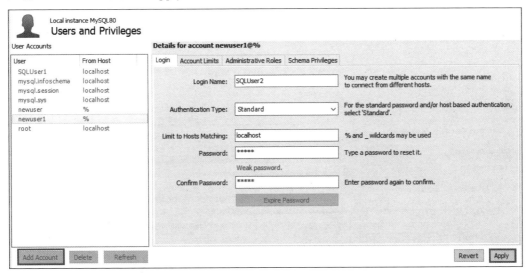

图9.6　"Add account"按钮

④新增用户成功后,用户可以在"User Accounts"列表中查看刚创建的SQLUser2用户,如图9.7所示。

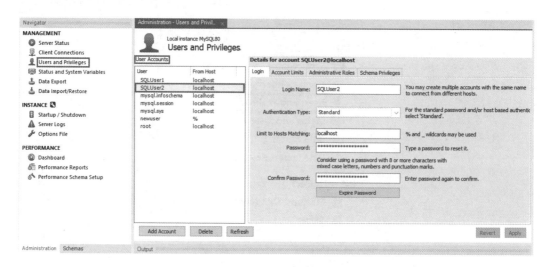

图9.7　创建MySQL登录账户

⑤验证使用SQLUser2账户登录。如图9.8所示,单击"MySQL Connections",输入连接名字,"username"输入"SQLUser2",再输入正确密码,如图9.9和图9.10所示,单击"Test Connection"按钮,登录到MySQL,就可以使用映射的数据库。

图9.8　创建MySQL连接

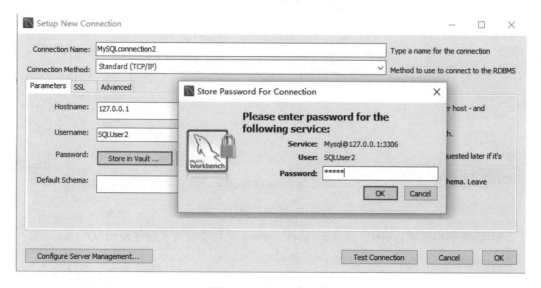

图9.9　MySQL账户连接

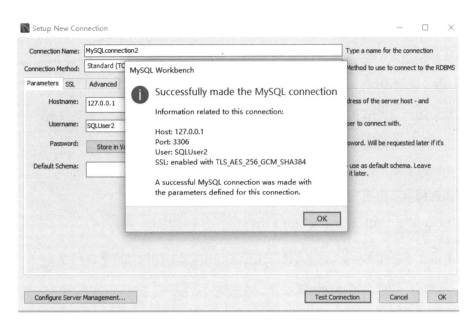

图9.10 MySQL账户连接成功

(3)使用SQL重命名登录用户

创建一个MySQL登录用户,登录名"SQLUser3",密码"pw789",重命名该用户为"SQLUser4"。

①在图标菜单中单击第一个图标 ![SQL图标] ,新建一个查询窗口。

```
CREATE USER 'SQLUser3'@'localhost' IDENTIFIED BY 'pw789';
```

②单击工具栏中的 ![闪电图标] 图标,执行上面的SQL语句,创建SQLUser3登录用户。

③再新建一个查询窗口,输入如下SQL语句:

```
RENAME USER 'SQLUser3'@'localhost' TO 'SQLUser4'@'localhost';
```

④单击工具栏中的 ![闪电图标] 图标,执行上面的SQL语句,更名SQLUser3登录用户为SQLUser4。

⑤单击"Administration"选项卡"MANAGEMENT"栏中的"Users and Privileges",可以在"User Accounts"列表中发现的SQLUser4用户。

(4)修改登录用户的口令

将登录用户SQLUser4的口令修改为"new123"。

①新建查询窗口,输入如下SQL语句:

```
SET PASSWORD FOR  'SQLUser4'@'localhost'='new123';
```
或
```
ALTER USER  'SQLUser4'@'localhost' IDENTIFIED BY 'new123';
```

②单击工具栏中的 ⚡ 图标,执行上面的SQL语句, SQLUser4的口令修改。

③验证使用SQLUser4账户登录,方法请参照前面(1)、(2)实验的做法。

(5)删除登录用户

将登录用户SQLUser4删除。

①以root管理员身份登录到MySQL。

②在图标菜单中单击第一个图标 ⊞,新建一个查询窗口。

③在查询窗口中输入如下SQL语句:

```
DROP USER 'SQLUser4'@'localhost'
```

④单击工具栏中的 ⚡ 图标,执行上面的SQL语句,结果如图9.11所示。

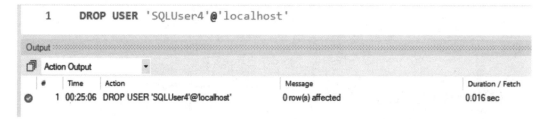

图9.11　SQL删除用户

实验9.2　权限授予和撤销

【实验目的】

①掌握使用SQL进行权限的授予和撤销的方法。
②掌握使用图形界面工具进行权限的授予和撤销的方法。

【实验内容】

①使用SQL语句授予用户SQLUser1对数据库sales创建视图和表的权限,同时具有授予其他用户的权限,并进行验证。

②使用SQL语句授予用户SQLUser1对数据库sales的agents表的查询、插入、更新权限,并进行验证。

③使用SQL语句授予用户SQLUser2对数据库sales的customers表的列cid、cname的查询权限,并进行验证。

④使用SQL语句授予用户SQLUser2对数据库sales的products表中库存城市为Dallas的产品的编号、名称和单价进行查询的权限,并进行验证。

⑤使用图形界面工具授予用户SQLUser2对数据库sales中表的查询、更新和插入权

限,并进行验证。

⑥使用SQL撤销用户账号SQLUser1数据库所有操作权限。

⑦使用SQL撤销用户账号SQLUser2数据库查询表中列的权限。

【实验步骤】

(1)使用SQL语句授予用户创建视图和表的权限

授予用户SQLUser1在数据库sales中创建视图和表的权限,同时授予其他用户的权限,并进行验证。

①用SQLUser1登录账户登录到MySQL,在"Schemas"选项卡中,看到没有任何数据库权限存在,如图9.12所示,表示用户SQLUser1没有对任何已有数据库的操作权限。

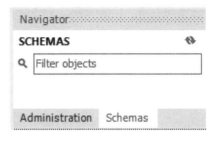

图9.12 查看用户权限

②以root身份重新登录到MySQL,单击左上角按钮 ,新建查询窗口。

③在查询窗口中输入如下SQL语句:

```
GRANT CREATE VIEW,CREATE ON sales.*
TO 'SQLUser1'@'localhost'
WITH GRANT OPTION;
```

④单击工具栏中的 图标,执行上面的SQL语句,如图9.13所示。

图9.13 授予用户权限

⑤验证SQLUser1具有创建表的权限。用SQLUser1登录账户登录到MySQL,依次展开节点"Schemas"→"sales"→"Tables",右击"Create Table",能够正常创建表,表示用户SQLUser1已经具备创建表的权限,如图9.14所示。

图9.14 授予用户SQLUser1权限

⑥验证SQLUser1能将创建视图和表的权限再授予其他用户。用SQLUser1登录账户登录到MySQL后,在新建查询窗口中输入如下SQL语句。语句执行成功,如图9.15所示。

```
GRANT CREATE VIEW,CREATE ON sales.*
TO 'SQLUser2'@'localhost';
```

```
1 •    GRANT CREATE VIEW,CREATE ON sales.*
2      TO 'SQLUser2'@'localhost';
```

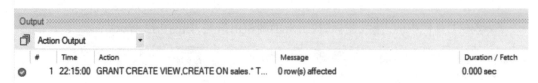

图9.15 SQLUser1授予用户SQLUser2创建视图和表的权限

⑦验证SQLUser2具有创建表的权限。用SQLUser2登录账户登录到MySQL,依次展开节点"Schemas"→"sales"→"Tables",右击"Create Table",能够正常创建表,表示用户SQLUser2已经具备创建表的权限。

(2)使用SQL语句授予用户查询、插入和更新权限

授予用户SQLUser1对数据库sales的agents表的查询、插入、更新权限。

①用SQLUser1登录账户登录到MySQL,依次单击"Schemas"→"sales"→"Tables",发现用户SQLUser1对agents表不具有查询、插入和更新权限,如图9.16所示。

图9.16　用户SQLUser1对agents表查询、插入和更新失败

②以 root 身份重新登录到 MySQL,单击左上角按钮 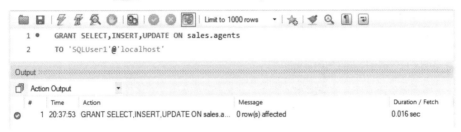,新建查询窗口。

③在查询窗口中输入如下 SQL 语句:

```
GRANT SELECT,INSERT,UPDATE ON sales.agents
TO 'SQLUser1'@'localhost'
```

④单击工具栏中的 图标,执行上面的 SQL 语句,如图9.17所示。

图9.17　授予用户SQLUser1对agents表的权限

⑤验证。用 SQLUser1 登录账户登录到 MySQL,依次单击"Schemas"→"sales"→"Tables",对 agents 表进行查询、插入和更新操作,如果能够正常执行,表示用户 SQLUser1 已经具备对 agents 表的查询、插入、更新权限,验证查询权限如图9.18所示,插入和更新权限的验证类似。

图9.18　验证用户SQLUser1的查询权限

（3）使用SQL语句授予用户对表中列的查询权限

授予用户SQLUser2对数据库sales的customers表的列cid、cname的查询权限。

①用SQLUser2登录账户登录到MySQL，在"Schemas"选项卡中，看到没有任何数据库权限存在，如图9.19所示，表示登录账号SQLUser2不具备对customers表的任何权限。

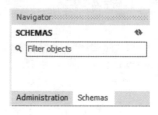

图9.19　SQLUser2不具备对customers表的任何权限

②以root身份重新登录到MySQL，单击左上角按钮 ![sql]，新建查询窗口。

③在查询窗口中输入如下SQL语句：

```
GRANT SELECT(cid,cname) ON sales.customers
TO 'SQLUser2'@'localhost'
```

④单击工具栏中的 ![闪电] 图标，执行上面的SQL语句，如图9.20所示。

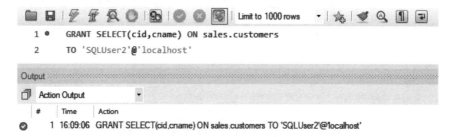

图9.20　SQL授予用户SQLUser2查询列的权限

⑤验证。以SQLUser2登录账户登录到MySQL。在"Schemas"选项卡中展开"Schemas"→"sales"→"Tables"，发现已经存在customers表。在查询窗口中输入如下SQL语句，如果执行结果如图9.21所示，则表示用户SQLUser2不具备对数据库sales的customers表的列city、discnt的查询权限。

```
SELECT city,discnt FROM sales.customers;
```

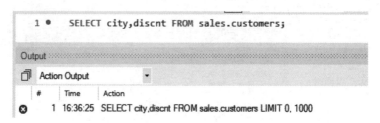

图9.21　验证结果1

⑥在查询窗口中输入如下 SQL 语句,如果执行结果如图 9.22 所示,则表示用户 SQLUser2 已经具备对数据库 sales 的 customers 表的列 cid、cname 的查询权限。

```sql
SELECT cid,cname FROM sales.customers;
```

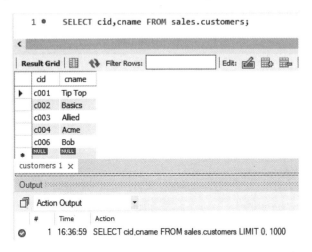

图9.22 验证结果2

(4)使用 SQL 语句授予用户视图查询权限

授予用户 SQLUser2 对数据库 sales 的 products 表中库存城市为 Dallas 的产品的编号、名称和单价进行查询的权限,并进行验证。

①用 SQLUser2 登录账户登录到 MySQL,在"Schemas"选项卡中看不到 products 表,表示登录账号 SQLUser2 不具备对 products 表的任何权限。

②以 root 身份重新登录到 MySQL,单击左上角按钮 ,新建查询窗口中输入如下 SQL 语句:

```sql
CREATE VIEW pview AS SELECT pid,pname,price
FROM products WHERE city='Dallas';
```

③单击工具栏中的 图标,执行上面的 SQL 语句,创建一个视图,视图的数据即是库存城市为"Dallas"的产品的编号、名称和单价,查询 pview 视图结果如图 9.23 所示。

图9.23 查询 pview 视图

④对该视图分配权限,新建查询窗口中输入如下SQL语句并执行:

```
GRANT SELECT ON pview TO 'SQLUser2'@'localhost'
```

⑤验证。以SQLUser2登录账户登录到MySQL。展开"Schemas"→"sales"→"Tables could not be fetched",没有显示products表,说明对products表没有权限,再展开"Schemas"→"sales"→"Views could not be fetched",显示pview,对该视图进行查询,显示相应结果,如图9.24所示。

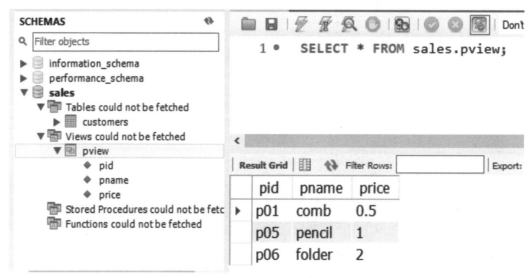

图9.24　权限分配后查询pview视图

(5)使用图形界面工具授予用户查询、更新和插入权限

授予用户SQLUser2对数据库sales中表的查询、更新和插入权限,并进行验证。

①用SQLUser2登录账户登录到MySQL,在"Schemas"选项卡中看不到orders表,如图9.25所示,表示登录账号SQLUser2不具备对orders表的任何权限。以root身份重新登录到MySQL。

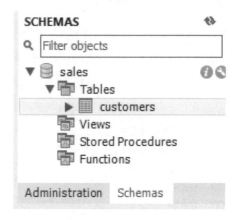

图9.25　SQLUser2不具备对orders表的任何权限

②单击"Administration"选项卡"MANAGEMENT"栏中的"Users and Privileges"，在"Users and Privileges"页的"User Accounts"部分，单击SQLUser2，再选择"Schema Privileges"，然后单击"Add Entry"按钮，如图9.26所示。

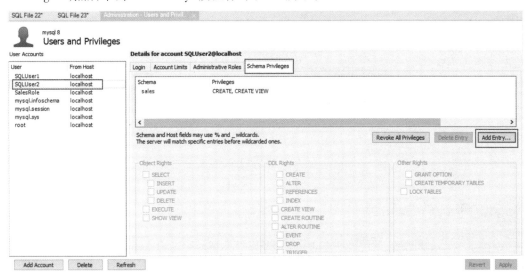

图9.26 "Users and Privileges"页

③显示"New Schema Privilege Definition"对话框，选择"Selected schema"，在下拉列表中选择"sales"，然后单击"OK"按钮，如图9.27所示。

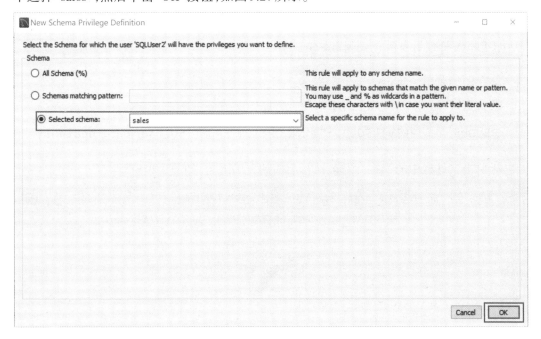

图9.27 "New Schema Privilege Definition"对话框

④在"Users and Privileges"页，勾选"SELECT""INSERT"和"UPDATE"，然后单击"Apply"按钮，如图9.28所示。

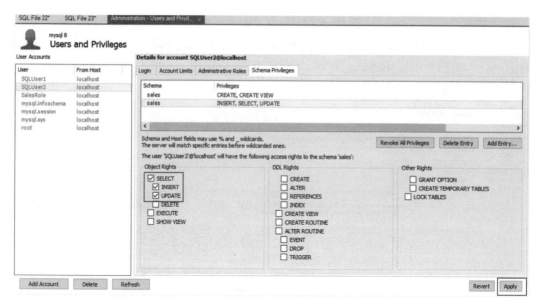

图9.28 授予用户SQLUser2用户SELECT、INSERT、UPDATE权限

⑤验证。以SQLUser2登录账户登录到MySQL。再展开"Schemas"→"sales"→"Tables",对sales数据库下的orders表、agents等表进行查询、更新和插入操作,均能成功执行,即表示用户SQLUser2已经具备对数据库sales中表的查询、更新和插入权限。

(6)使用SQL撤销所有操作权限

撤销登录账号SQLUser1的数据库所有操作权限。
①以root管理员身份登录到MySQL。

②在图标菜单中单击第一个图标 ,新建一个查询窗口。

③在查询窗口中输入如下SQL语句:

REVOKE ALL PRIVILEGES, GRANT OPTION FROM 'SQLUser1'@'localhost'

④单击工具栏中的 图标,执行上面的SQL语句,如图9.29所示。

```
1 ●    REVOKE ALL PRIVILEGES, GRANT OPTION FROM 'SQLUser1'@'localhost'
```

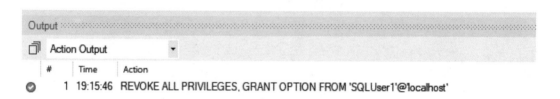

图9.29 撤销用户SQLUser1的所有权限

(7)使用SQL撤销数据库的查询权限

撤销登录账号SQLUser2的查询表中列的权限。

①在图标菜单中单击第一个图标 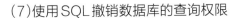,新建一个查询窗口。

②在查询窗口中输入如下SQL语句:

```
REVOKE SELECT(cid,cname) ON sales.customers
FROM 'SQLUser2'@'localhost'
```

③单击工具栏中的 图标,执行上面的SQL语句,如图9.30所示。

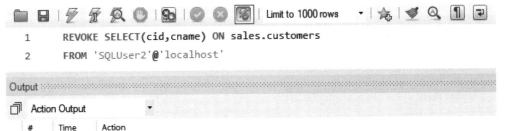

图9.30 撤销用户SQLUser2的查询表中列的权限

④验证。再次执行查询cid,cname的操作,发现无法执行,即用户SQLUser2没有权限,证明权限删除成功,如图9.31所示。

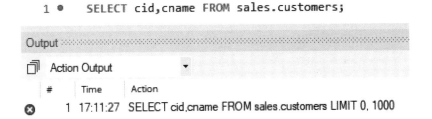

图9.31 验证结果

实验9.3 角色管理

【实验目的】

①掌握MySQL角色的创建方法。
②掌握将用户添加为角色成员的方法。
③掌握授予角色权限和撤销角色权限的方法。
④掌握删除角色的方法。

【实验内容】

①使用SQL语句创建角色SalesRole。
②使用SQL语句给角色SalesRole赋予查询表customer的权限。
③使用SQL语句将用户SQLUser1添加为角色SalesRole的成员。
④使用SQL语句撤销用户SQLUser1的角色。
⑤使用SQL语句回收角色SalesRole的权限。
⑥使用SQL语句删除角色SalesRole。

【实验步骤】

(1)创建角色

使用SQL语句创建角色SalesRole。
①以root管理员身份登录到MySQL。

②在图标菜单中单击第一个图标 ，新建一个查询窗口。
③在查询窗口中输入如下SQL语句:

```
CREATE ROLE 'SalesRole'@'localhost'
```

④单击工具栏中的 图标,执行上面的SQL语句,如图9.32所示。

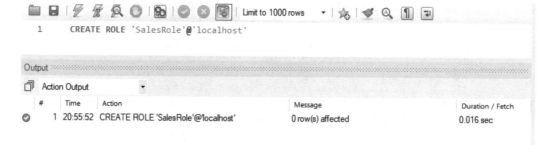

图9.32　SQL创建角色

(2)给角色赋予查询权限

使用SQL语句给角色SalesRole赋予查询数据库表的权限。
①以root管理员身份登录到MySQL。

②在图标菜单中单击第一个图标 ,新建一个查询窗口。
③在查询窗口中输入如下SQL语句:

```
GRANT SELECT ON sales.customers TO 'SalesRole'@'localhost'
```

④单击工具栏中的 图标,执行上面的SQL语句,如图9.33所示。

```
1    GRANT SELECT ON sales.customers TO 'SalesRole'@'localhost'
```

Output

Action Output

#	Time	Action	Message	Duration / Fetch
1	20:57:17	GRANT SELECT ON sales.customers TO 'SalesRol...	0 row(s) affected	0.000 sec

图9.33　SQL给角色赋予权限

(3)为角色添加成员

使用SQL语句将用户SQLUser1添加为角色SalesRole的成员。

①以root管理员身份登录到MySQL。

②在图标菜单中单击第一个图标，新建一个查询窗口。

③在查询窗口中输入如下SQL语句：

```
GRANT 'SalesRole'@'localhost' TO 'SQLUser1'@'localhost'
```

④单击工具栏中的　　图标，执行上面的SQL语句，如图9.34所示。

```
1    GRANT 'SalesRole'@'localhost' TO 'SQLUser1'@'localhost'
```

Output

Action Output

#	Time	Action	Message	Duration / Fetch
1	20:58:26	GRANT 'SalesRole'@'localhost' TO 'SQLUser1'@'lo...	0 row(s) affected	0.016 sec

图9.34　SQL将用户添加为角色成员

⑤用户在使用角色权限前，需要进行激活，即输入以下SQL语句：

```
SET GLOBAL activate_all_roles_on_login=ON
```

⑥单击工具栏中的　　图标，执行上面的SQL语句，如图9.35所示。

```
1    SET GLOBAL activate_all_roles_on_login=ON
```

Output

Action Output

#	Time	Action	Message	Duration / Fetch
1	20:59:28	SET GLOBAL activate_all_roles_on_login=ON	0 row(s) affected	0.000 sec

图9.35　SQL激活角色

⑦验证。登录用户SQLUser1，发现可以对customer表进行查询，如图9.36所示。

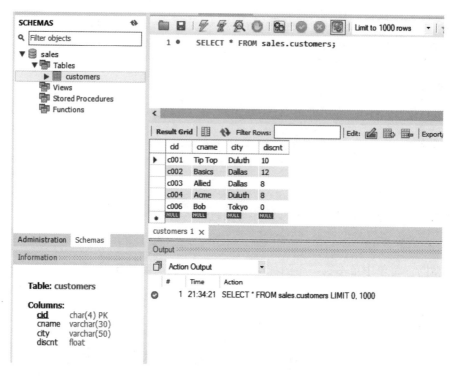

图9.36　验证角色权限

(4)撤销用户角色

使用SQL语句撤销用户SQLUser1的角色。

①以root管理员身份登录到MySQL。

②在图标菜单中单击第一个图标 ，新建一个查询窗口。

③在查询窗口中输入如下SQL语句：

```
REVOKE 'SalesRole'@'localhost' FROM 'SQLUser1'@'localhost'
```

④单击工具栏中的 图标，执行上面的SQL语句，如图9.37所示。

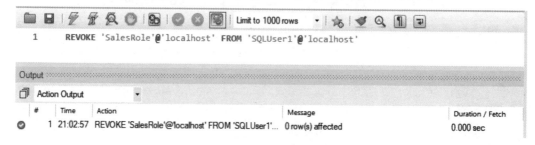

图9.37　SQL撤销用户角色

⑤验证。登录用户SQLUser1，发现已经没有对customer表查询的权限，如图9.38所示。

图9.38 验证撤销用户角色

(5)回收角色的权限

使用SQL语句回收角色SalesRole的权限。

①以root管理员身份登录到MySQL。

②在图标菜单中单击第一个图标 ，新建一个查询窗口。

③在查询窗口中输入如下SQL语句：

```
REVOKE SELECT ON sales.customers FROM 'SalesRole'@'localhost'
```

④单击工具栏中的 图标，执行上面的SQL语句，如图9.39所示。

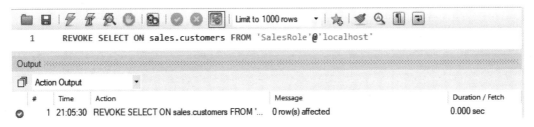

图9.39 SQL回收角色权限

(6)删除角色

使用SQL语句删除角色SalesRole。

①在图标菜单中单击第一个图标 ，新建一个查询窗口。

②在查询窗口中输入如下SQL语句：

```
DROP ROLE 'SalesRole'@'localhost'
```

③单击工具栏中的 图标，执行上面的SQL语句，如图9.40所示。

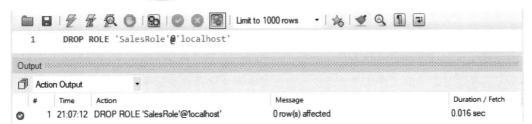

图9.40 删除角色

习　题

1.用 SQL 语句创建一个 MySQL 用户账户 sqlteacher,并将其设置为允许对数据库 library 查询,对表 book 进行插入、删除和修改操作,并进行验证。

2.用图形界面工具创建一个 MySQL 用户账户 sqladmin,并将其设置为允许对数据库 library 查询,对表进行插入、修改、删除操作,并进行验证。

3.用 SQL 语句更改用户账户 sqlteacher 的口令为"t123"。

4.用 SQL 语句撤销用户 sqlteacher 对数据库 library 的查询权限,并进行验证。

5.用 SQL 语句创建一个角色 librrole,并将用户 sqlteacher 加入该角色中。

6.用 SQL 语句赋予角色 librrole 对数据库 library 的查询权限,验证 sqlteacher 是否对数据库 library 具有查询权限。

7.用 SQL 语句撤销角色 librrole 对数据库 library 的查询权限,验证 sqlteacher 是否对数据库 library 具有查询权限。

8.用 SQL 语句删除用户 sqladmin。

9.用 SQL 语句删除角色 librrole。

实验 10
存储过程和函数 ···○

存储过程是SQL语句和可选控制流语句的预编译集合,以一个名称存储并作为一个单元处理。存储过程存储在数据库内,可由应用程序调用执行,而且允许用户拥有声明变量、有条件执行以及其他强大的编程功能。

同存储过程类似,存储函数被预先优化和编译并且可以作为一个单元来进行调试。它和存储过程的主要区别在于返回结果的方式。为了能支持多种不同的返回值,它比存储过程有更多的限制。

在 MySQL 中,创建存储过程和函数使用的语句分别是 CREATE PROCEDURE 和 CREATE FUNCTION。使用CALL语句来调用存储过程,只能用输出变量返回值。函数可以从语句外调用(引用函数名),也能返回标量值。存储过程可以调用其他存储过程。

【实验目的】

①理解存储过程和函数的概念和功能。
②掌握创建存储过程的方法。
③掌握执行存储过程的方法。
④掌握查看、修改、删除存储过程的方法。
⑤掌握存储函数的创建、修改和删除方法。

【知识要点】

(1)存储过程的优点

①直接在数据库层运行,减少网络带宽的占用和减少查询任务执行的延迟。
②提高代码的复用性和可维护性,聚合业务规则,加强一致性并提高安全性。
③允许更快执行。存储过程只在第一次执行时需要编译且被存储在存储器内,其他次执行不必由数据引擎再编译,从而提高了执行速度。
④可作为安全机制使用。对于没有直接执行存储过程中语句权限的用户,可授予他们执行该存储过程的权限。

(2)存储过程的功能

MySQL中的存储过程与其他编程语言中的过程类似:
①可以以输入参数的形式引用存储过程以外的参数。

②可以以输出参数的形式将多个值返回给调用它的过程或批处理。

③存储过程中可以包含有执行数据库操作的编程语句,也可调用其他存储过程。

(3)创建存储过程的语法格式

```
CREATE
    [DEFINER = user]
    PROCEDURE [IF NOT EXISTS] sp_name ([proc_parameter[,...]])
            [characteristic ...] routine_body
proc_parameter:
    [ IN | OUT | INOUT ] param_name type
type:
    Any valid MySQL data type


characteristic: {
    COMMENT 'string'
  | LANGUAGE SQL
  | [NOT] DETERMINISTIC
  | { CONTAINS SQL | NO SQL | READS SQL DATA | MODIFIES SQL DATA }
  | SQL SECURITY { DEFINER | INVOKER }
}


routine_body:
Valid SQL routine statement
```

说明:

①proc_parameter为指定存储过程的参数列表,其中,IN表示输入参数,OUT表示输出参数,INOUT表示既可以输入也可以输出的参数;param_name表示参数名称,type为参数类型。

②characteristic为指定存储过程的特性,有以下取值:

- LANGUAGE SQL:说明routine_body部分是由SQL语句组成的,当前系统支持的语言为SQL。

- [NOT] DETERMINISTIC:声明存储过程是确定性的,即总是对相同的输入参数产生相同的结果,默认NOT DETERMINISTIC。

- {CONTAINS SQL | NO SQL | READS SQL DATA | MODIFIES SQL DATA}:指明子程序使用SQL语句的限制。CONTAINS SQL表示子程序包含SQL语句,但是不包含读写数据的语句;NO SQL表明子程序不包含SQL语句;READS SQL DATA说明子程序包含读数据的语句;MODIFIES SQL DATA表明子程序包含写数据的语句。默认

CONTAINS SQL。

- SQL SECURITY｛DEFINER | INVOKER｝:指明谁有权限执行该存储过程。DEFINER 表示只有定义者能执行。INVOKER 表示拥有权限的调用者可以执行。默认 DEFINER。

③routine_body是SQL代码的内容,可以用BEGIN...END来表示SQL代码的开始和结束。

(4)执行存储过程的语法格式

```
CALL sp_name ( [parameter[...]] )
```

存储过程是通过 CALL 语句进行调用的。其中,sp_name 为存储过程的名称, parameter 为存储过程的参数。

(5)修改存储过程的语法格式

```
ALTER PROCEDURE proc_name [characteristic ...]
```

```
characteristic: {
     COMMENT 'string'
   | LANGUAGE SQL
   | { CONTAINS SQL | NO SQL | READS SQL DATA | MODIFIES SQL DATA }
   | SQL SECURITY { DEFINER | INVOKER }
         }
```

可以通过 ALTER PROCEDURE 语句修改存储过程的特性。

其中 characteristic 指定存储函数的特性:

①COMMENT 'string' 表示注释信息。

②CONTAINS SQL 表示子程序包含SQL语句,但不包含读或写数据的语句。

③NO SQL 表示子程序中不包含SQL语句。

④READS SQL DATA 表示子程序中包含读数据的语句。

⑤MODIFIES SQL DATA 表示子程序中包含写数据的语句。

⑥SQL SECURITY｛DEFINER | INVOKER｝指明谁有权限来执行。

- DEFINER 表示只有定义者自己才能够执行。

- INVOKER 表示调用者可以执行。

(6)删除存储过程的语法格式

```
DROP { PROCEDURE } [ IF EXISTS ] sp_name
```

其中,sp_name 为存储过程的名称;IF EXISTS 子句是 MySQL 的扩展,如果存储过程不存在,它可以防止发生错误,产生一个用SHOW WARNINGS查看的警告。

(7)函数优点

①允许模块化程序设计。只需创建一次函数并将其存储在数据库中,以后便可以在程序中调用任意次。用户定义函数可以独立于程序源代码进行修改。

②执行速度更快。用户定义函数时无须重新解析和重新优化,从而缩短了执行时间。

③减少网络流量。某种无法用单一标量的表达式表示的复杂约束可以表示为函数。此函数可以在 WHERE 子句中调用,以减少发送至客户端的数字或行数。

(8)创建函数的语法格式

```
CREATE
    [DEFINER = user]
    FUNCTION [IF NOT EXISTS] sp_name ([func_parameter[,...]])
    RETURNS type
            [characteristic ...] routine_body
func_parameter:
    param_name type
type:
    Any valid MySQL data type
characteristic: {
    COMMENT 'string'
  | LANGUAGE SQL
  | [NOT] DETERMINISTIC
  | { CONTAINS SQL | NO SQL | READS SQL DATA | MODIFIES SQL DATA }
  | SQL SECURITY { DEFINER | INVOKER }
}
routine_body:
Valid SQL routine statement
```

其中,sp_name 表示函数的名称;func_parameter 为函数的参数;RETURNS type 语句表示函数返回数据的类型;characteristic 指定函数的特性,与存储过程相同。

实验 10.1　创建并执行存储过程

【实验目的】

①掌握创建存储过程的方法。
②掌握执行存储过程的方法。
③掌握游标的使用方法。

【实验内容】

①创建存储过程 proc_Qcustomer,通过顾客的 cid 查询顾客的姓名、城市和折扣。

②执行存储过程 proc_Qcustomer,当输入 cid 为"c002"时,显示这个顾客的姓名、城市和折扣。

③创建存储过程 proc_Sumdol,从 orders 表中查询订单中某一顾客订购的商品总金额。

④执行存储过程 proc_Sumdol,查询并显示顾客 c001 订购商品总金额。

⑤创建存储过程 proc_S_Qty,要求根据代理商的名字查询每个代理商为顾客订购各类产品的总数量。

⑥执行存储过程 proc_S_Qty,查询代理商 Smith 代理的所有各类产品的总数量。

⑦创建存储过程 proc_ALL_Qty,要求根据产品名,查询所有订购该产品的数量信息,包括:代理商号 aid,代理商名字,顾客 cid,顾客名字,产品数量 qty,产品的价格 dollars,结果按产品数量的降序排列。

⑧执行存储过程 proc_ALL_Qty,查询产品 razor 的订购情况。

⑨创建存储过程 get_count_by_limit_total_dollar,实现累加订单金额最高的几个订单的订单金额,直到订单金额总和达到给定的值时,返回累加的订单数。

⑩分别执行存储过程 get_count_by_limit_total_dollar,查询订单金额总和达到 3 000 和 30 000 的累加的订单数。

【实验步骤】

(1)创建存储过程 proc_Qcustomer

创建存储过程 proc_Qcustomer,通过顾客的 cid 查询顾客的姓名、城市和折扣。

①在图标菜单中单击第一个图标 ,新建一个查询窗口。

②在查询窗口中输入如下 SQL 语句:

```sql
USE `sales`;
DROP PROCEDURE IF EXISTS `proc_Qcustomer`;


DELIMITER $$
USE `sales`$$
CREATE PROCEDURE `proc_Qcustomer` (
IN in_cid char(4),
OUT out_cname varchar(30),
OUT out_city varchar(50),
OUT out_discnt float)
```

```
BEGIN
SELECT cname, city, discnt into out_cname, out_city, out_discnt
FROM customers WHERE cid = in_cid;
END$$
DELIMITER ;
```

③单击工具栏中的 ⚡ 按钮,执行上面的SQL语句,如图10.1所示。

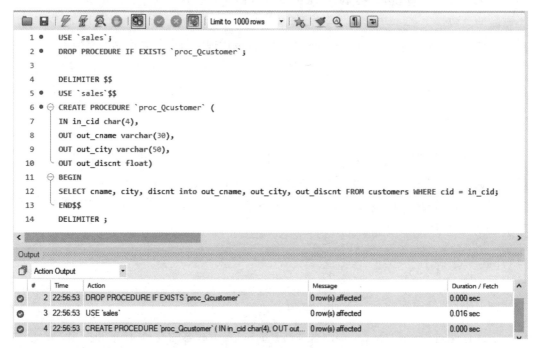

图10.1　创建存储过程proc_Qcustomer

(2)执行存储过程proc_Qcustomer

执行存储过程proc_Qcustomer,当输入cid为"c002"时,显示这个顾客的姓名、城市和折扣。

①在图标菜单中单击第一个图标 ,新建一个查询窗口。

②在查询窗口中输入如下SQL语句:

```
SET @inCid = 'c002';
SET @outCname = '';
SET @outCity = '';
SET @outDiscnt = 0;
```

```
CALL `sales`.`proc_Qcustomer`(@inCid, @outCname, @outCity,
  @outDiscnt);
SELECT @outCname, @outCity, @outDiscnt;
```

③单击工具栏中的 ⚡ 按钮,执行上面的SQL语句,如图10.2所示。

图10.2 执行存储过程proc_Qcustomer

(3)创建存储过程 proc_Sumdol

创建存储过程 proc_Sumdol,从 orders 表中查询订单中某一顾客订购的商品总金额。

①在图标菜单中单击第一个图标 📄,新建一个查询窗口。
②在查询窗口中输入如下SQL语句:

```
USE `sales`;
DROP PROCEDURE IF EXISTS `proc_Sumdol`;

DELIMITER $$
USE `sales`$$
CREATE PROCEDURE `proc_Sumdol` (
IN in_cid char(4),
OUT dol_sum float)
BEGIN
SELECT SUM(dollars) into dol_sum FROM orders WHERE cid = in_cid;
END$$
DELIMITER ;
```

③单击工具栏中的 ⚡ 按钮,执行上面的SQL语句,如图10.3所示。

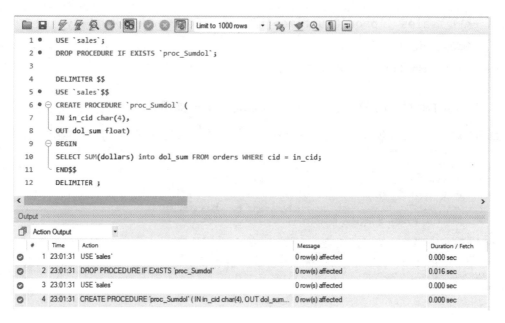

图10.3　创建存储过程proc_Sumdol

（4）执行存储过程proc_Sumdol

执行存储过程proc_Sumdol，查询并显示顾客c001订购商品的总金额。

①在图标菜单中单击第一个图标 ，新建一个查询窗口。
②在查询窗口中输入如下SQL语句：

```
SET @in_cid = 'c001';
SET @dol_sum = 0;
CALL `sales`.`proc_Sumdol`(@in_cid, @dol_sum);
SELECT @dol_sum;
```

③单击工具栏中的 按钮，执行上面的SQL语句，如图10.4所示。

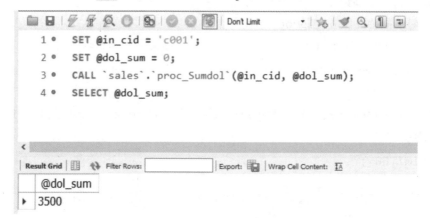

图10.4　执行存储过程proc_Sumdol

(5)创建存储过程proc_S_Qty

创建存储过程proc_S_Qty,要求根据代理商的名字查询每个代理商为顾客订购各类产品的总数量。

①在图标菜单中单击第一个图标  ,新建一个查询窗口。

②在查询窗口中输入如下SQL语句:

```
USE `sales`;
DROP PROCEDURE IF EXISTS `proc_S_Qty`;

DELIMITER $$
USE `sales`$$
CREATE PROCEDURE `proc_S_Qty`(IN in_aname char(30))
BEGIN
    SELECT aname,pname,sum(qty) total
    FROM agents,orders,products WHERE agents.aid=orders.aid
        AND products.pid=orders.pid AND aname=in_aname
        GROUP BY aname,pname;
END$$
DELIMITER ;
```

③单击工具栏中的 按钮,执行上面的SQL语句,如图10.5所示。

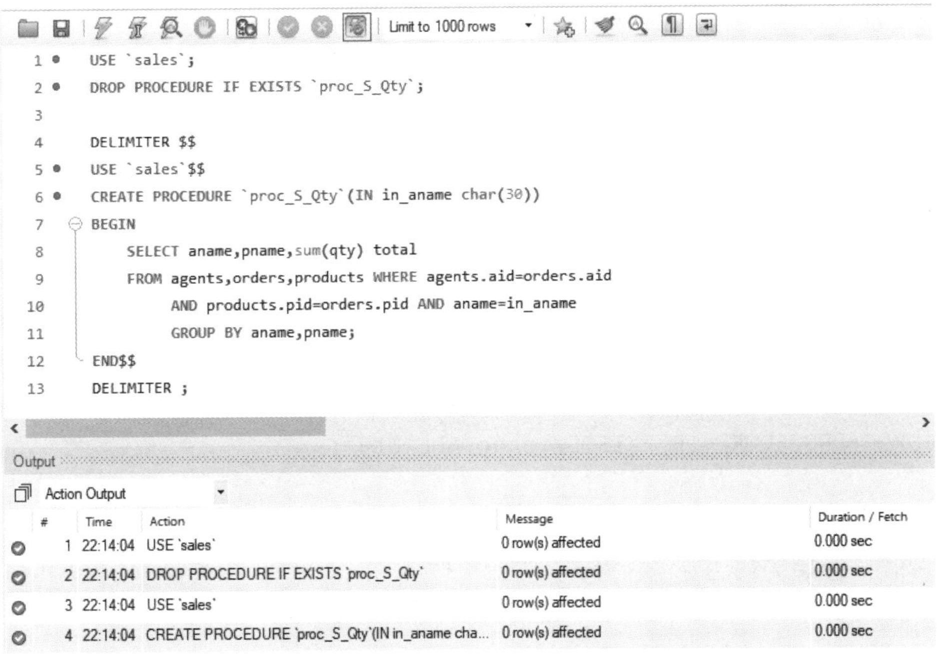

图10.5 创建存储过程proc_S_Qty

(6)执行存储过程proc_S_Qty

执行存储过程proc_S_Qty,要求查询代理商Smith代理的所有各类产品的总数量。

①在图标菜单中单击第一个图标 ![SQL], 新建一个查询窗口。

②在查询窗口中输入如下SQL语句:

```
SET @in_aname = 'Smith';
CALL proc_S_Qty(@in_aname);
```

③单击工具栏中的 ![按钮] 按钮,执行上面的SQL语句,如图10.6所示。

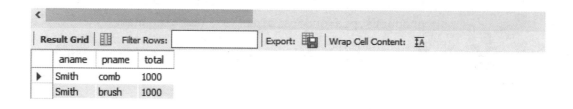

图10.6　执行存储过程proc_S_Qty

(7)创建存储过程proc_ALL_Qty

创建存储过程proc_ALL_Qty,要求根据产品名,查询所有订购该产品的数量信息,包括:代理商号aid,代理商名字,顾客cid,顾客名字,产品数量qty,产品的价格dollars,结果按产品数量的降序排列。

①在图标菜单中单击第一个图标 ![SQL], 新建一个查询窗口。

②在查询窗口中输入如下SQL语句:

```
USE `sales`;
DROP PROCEDURE IF EXISTS `proc_ALL_Qty`;

DELIMITER $$
USE `sales`$$
CREATE PROCEDURE `proc_ALL_Qty` (IN in_pname char(30))
BEGIN
    SELECT agents.aid,aname,customers.cid,cname,qty,dollars
```

```
        FROM agents,customers,products,orders
        WHERE agents.aid=orders.aid AND customers.cid=orders.cid
        AND  products.pid=orders.pid  AND  pname=in_pname  ORDER  BY  qty
        desc;
    END$$
    DELIMITER ;
```

③单击工具栏中的 按钮,执行上面的SQL语句,如图10.7所示。

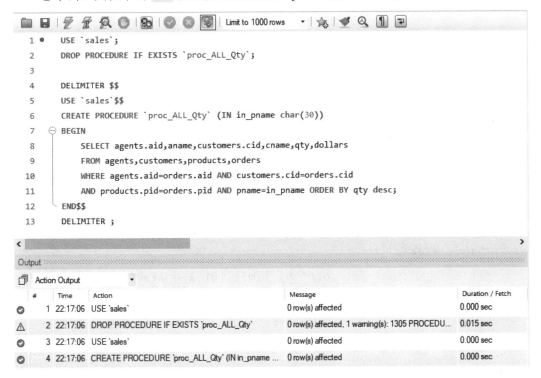

图10.7 创建存储过程proc_ALL_Qty

(8)执行存储过程proc_ALL_Qty

执行存储过程proc_ALL_Qty,要求查询产品razor的订购情况。

①在图标菜单中单击第一个图标 ,新建一个查询窗口。
②在查询窗口中输入如下SQL语句:

```
SET @in_pname = 'razor';
CALL proc_ALL_Qty(@in_pname);
```

③单击工具栏中的 按钮,执行上面的SQL语句,如图10.8所示。

```
1 ●    SET @in_pname = 'razor';
2      CALL proc_ALL_Qty(@in_pname);
```

	aid	aname	cid	cname	qty	dollars
▶	a03	Brown	c002	Basics	1000	880
	a05	Otasi	c002	Basics	800	704
	a06	Tom	c001	Tip Top	600	540

图10.8 执行存储过程proc_ALL_Qty

(9)创建存储过程get_count_by_limit_total_dollar

创建存储过程get_count_by_limit_total_dollar,要求实现累加订单金额最高的几个订单的订单金额,直到订单金额总和达到给定的值时,返回累加的订单数。

①在图标菜单中单击第一个图标![SQL图标],新建一个查询窗口。

②在查询窗口中输入如下SQL语句:

```
USE `sales`;
DROP PROCEDURE IF EXISTS `get_count_by_limit_total_dollar`;
DELIMITER &&
CREATE PROCEDURE get_count_by_limit_total_dollar(IN limit_total_
dollar DOUBLE,OUT total_count INT)
BEGIN
DECLARE sum_dollar DOUBLE DEFAULT 0; -- 记录累加的购物金额
DECLARE cursor_dollar DOUBLE DEFAULT 0; -- 记录某一笔订单的购物金额
DECLARE order_count INT DEFAULT 0;  -- 记录循环个数
DECLARE flag INT DEFAULT 0; -- flag 变量判断记录是否全部取出,1代表全
部取出,0代表还有记录。
DECLARE order_cursor CURSOR FOR SELECT dollars FROM orders ORDER
BY dollars DESC;  -- 定义游标
DECLARE CONTINUE HANDLER FOR NOT FOUND SET flag = 1; -- 设置结束
条件,当没有记录的时候抛出 NOT FOUND 异常,并设置 flag 等于1
OPEN order_cursor; -- 打开游标
REPEAT
FETCH order_cursor INTO cursor_dollar;  -- 使用游标(从游标中获取数据)
SET sum_dollar = sum_dollar + cursor_dollar;
SET order_count =order_count + 1;
UNTIL sum_dollar>= limit_total_dollar or flag=1
```

```
END REPEAT;
CLOSE order_cursor; -- 关闭游标
IF (flag=0) then
SET total_count = order_count;
ELSE
SET total_count = -1;
END IF;
END &&
DELIMITER ;
```

③单击工具栏中的 按钮,执行上面的SQL语句,如图10.9所示。

图10.9 创建存储过程get_count_by_limit_total_dollar

（10）执行存储过程get_count_by_limit_total_dollar

分别执行存储过程get_count_by_limit_total_dollar,要求查询订单金额总和达到3 000和30 000的累加的订单数。

①在图标菜单中单击第一个图标 ,新建一个查询窗口。

②在查询窗口中输入如下SQL语句:

```
CALL get_count_by_limit_total_dollar(3000,@total_count1);
CALL get_count_by_limit_total_dollar(30000,@total_count2);
SELECT @total_count1,@total_count2
```

③单击工具栏中的 按钮,执行上面的SQL语句,如图10.10所示。

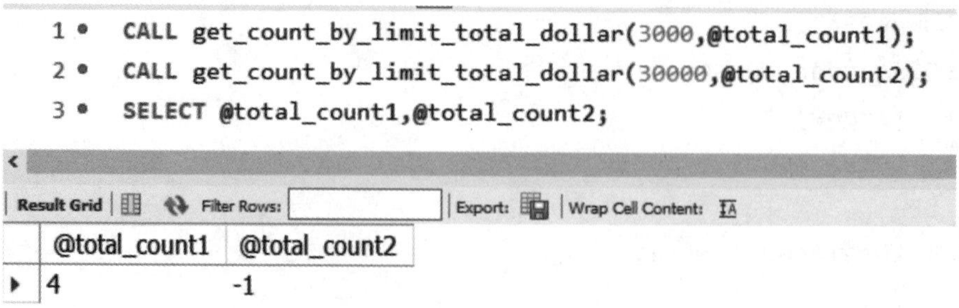

```
1 •    CALL get_count_by_limit_total_dollar(3000,@total_count1);
2 •    CALL get_count_by_limit_total_dollar(30000,@total_count2);
3 •    SELECT @total_count1,@total_count2;
```

@total_count1	@total_count2
4	-1

图10.10　执行存储过程get_count_by_limit_total_dollar

实验10.2　修改和删除存储过程

【实验目的】

①掌握修改存储过程的方法。
②掌握删除存储过程的方法。

【实验内容】

①修改存储过程proc_Sumdol,通过顾客的cid和代理商aid来查询某一顾客订购的商品的总金额。
②修改存储过程proc_Qcustomer,把定义的变量cid的长度修改为20个字节。存储过程定义改为:根据顾客的cid来查询顾客的姓名、城市。
③用图形界面工具删除存储过程proc_Sumdol。
④用SQL语句删除存储过程proc_Qcustomer。

【实验步骤】

(1)修改存储过程proc_Sumdol

修改存储过程proc_Sumdol,要求通过顾客的cid和代理商aid来查询某一顾客订购的商品的总金额。

①在图标菜单中单击第一个图标 ，新建一个查询窗口。
②在查询窗口输入如下代码,先将原始存储过程删除,再创建新的存储过程。

```
USE `sales`;
DROP PROCEDURE IF EXISTS `proc_Sumdol`;
DELIMITER $$
USE `sales`$$
```

```
CREATE PROCEDURE `proc_Sumdol`(
IN in_cid char(4),
IN in_aid char(3),
OUT dol_sum float)
BEGIN
SELECT sum(dollars) into dol_sum FROM orders WHERE cid = in_cid
AND aid = in_aid;
END$$
```

③单击工具栏中的 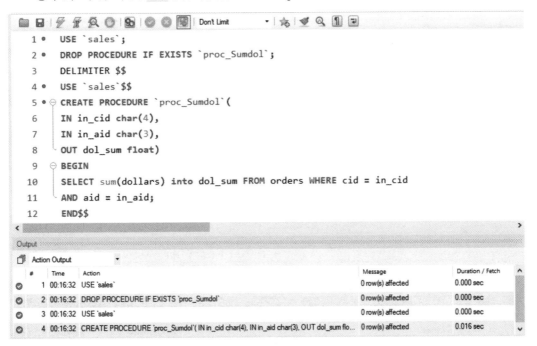 按钮,执行上面的SQL语句,如图10.11所示。

图10.11　修改存储过程proc_Sumdol

(2)修改存储过程proc_Qcustomer

修改存储过程proc_Qcustomer,要求把定义的变量cid的长度修改为20个字节。存储过程定义改为根据顾客的cid来查询顾客的姓名、城市。

①在图标菜单中单击第一个图标 ,新建一个查询窗口。

②在查询窗口中输入如下SQL语句:

```
USE `sales`;
DROP PROCEDURE IF EXISTS `proc_Qcustomer`;
DELIMITER $$
```

```
USE `sales`$$
CREATE PROCEDURE `proc_Qcustomer`(
IN in_cid char(20),
OUT out_cname varchar(30),
OUT out_city varchar(50))
BEGIN
SELECT cname, city into out_cname, out_city FROM customers WHERE
cid = in_cid;
END$$
```

③单击工具栏中的 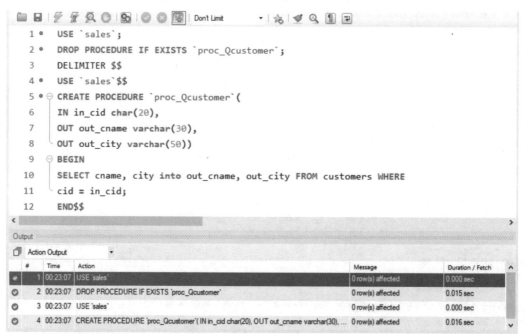 按钮,执行上面的SQL语句,如图10.12所示。

图10.12　修改存储过程proc_Sumdol

(3)用图形界面工具删除存储过程

删除存储过程 proc_Sumdol。

启动 MySQL Workbench,在"Navigator"导航栏的"Schemas"选项页中依次单击"sales"→"Stored Procedures",右击"proc_Sumdol",在快捷菜单中选择"Drop Stored Procedure"选项,并在弹出窗口选择"Drop Now",如图10.13所示。

MySQL Workbench   ✕

Drop Stored Procedure

Please confirm permanent deletion of stored
procedure `proc_Sumdol`.

→ Review SQL

→ Drop Now

取消

图10.13 删除存储过程proc_Sumdol

（4）用SQL语句删除存储过程

删除存储过程proc_Qcustomer。

①在图标菜单中单击第一个图标，新建一个查询窗口。

②在查询窗口中输入如下SQL语句：

```
USE `sales`;
DROP PROCEDURE IF EXISTS `proc_Qcustomer`;
```

③单击工具栏中的 ⚡ 按钮，执行上面的SQL语句，如图10.14所示。

图10.14 删除存储过程proc_Qcustomer

实验10.3 创建和使用函数

【实验目的】

掌握函数的创建和使用方法。

【实验内容】

①创建一个函数F_Price,根据顾客姓名和商品名,查询订购该商品的总价。

②使用函数F_Price,查询顾客Tip Top订购的产品comb的总价格。

③使用流程控制函数case()实现如下功能:查询顾客的编号和顾客订单总金额,根据订单总金额为顾客输出客户等级,如果订单总金额大于等于3 000,客户等级为A;如果订单总金额大于等于1 000并且小于3 000,客户等级为B;如果订单总金额大于等于0并且小于1 000,客户等级为C;否则客户等级为D。

【实验步骤】

(1)创建函数F_Price

创建一个函数F_Price,根据顾客姓名和商品名,查询订购该商品的总价。

①在图标菜单中单击第一个图标 [图标],新建一个查询窗口。

②在查询窗口中输入如下SQL语句:

```sql
USE `sales`;
DROP function IF EXISTS `F_Price`;


DELIMITER $$
USE `sales`$$
CREATE FUNCTION `F_Price` (
in_cname char(50),
in_pname char(50)
)
RETURNS float
READS SQL DATA
RETURN (SELECT sum(dollars) FROM orders,customers,products
    WHERE orders.cid=customers.cid AND orders.pid=products.pid
    AND customers.cname=in_cname AND products.pname=in_pname);$$

DELIMITER ;
```

③单击工具栏中的 [图标] 按钮,执行上面的SQL语句,如图10.15所示。

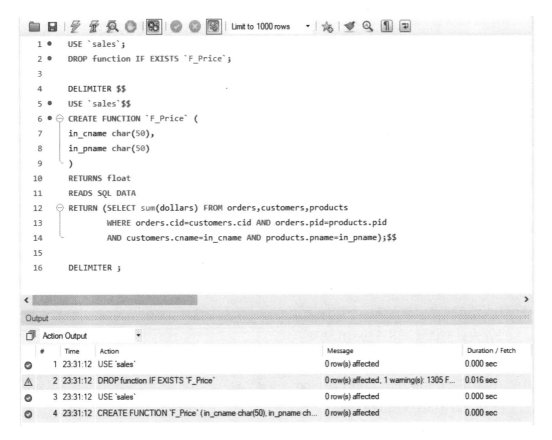

图10.15 创建存储函数F_price

（2）使用函数F_Price

使用函数F_Price，查询顾客Tip Top订购的产品comb的总的价格。

①在图标菜单中单击第一个图标，新建一个查询窗口。

②在查询窗口输入下面的SQL语句：

```
SET @in_cname = 'Tip Top';
SET @in_pname = 'comb';
SELECT F_price(@in_cname,@in_pname);
```

③单击工具栏中的 按钮，执行窗口中的SQL语句，如图10.16所示。

图10.16　执行存储函数

(3)使用流程控制函数

用流程控制函数case()实现如下功能:查询顾客的编号和顾客订单总金额,根据订单总金额为顾客输出客户等级,如果订单总金额大于等于3 000,客户等级为A;如果订单总金额大于等于1 000并且小于3 000,客户等级为B;如果订单总金额大于等于0并且小于1 000,客户等级为C;否则客户等级为D。

①在图标菜单中单击第一个图标 ,新建一个查询窗口。
②在查询窗口输入下面的SQL语句:

```
SELECT cid, SUM(dollars) 购买总金额,
CASE WHEN SUM(dollars)>=3000 THEN 'A'
WHEN SUM(dollars)>=1000 THEN 'B'
WHEN SUM(dollars)>=0 THEN 'C'
ELSE 'D'
END 客户等级
FROM orders
GROUP BY cid;
```

③单击工具栏中的 按钮,执行窗口中的SQL语句,如图10.17所示。

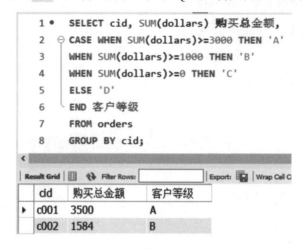

图10.17　查询执行结果

实验10.4　修改和删除函数

【实验目的】

①掌握使用图形界面工具修改和删除函数的方法。
②掌握使用SQL语句修改和删除函数的方法。

【实验内容】

①修改函数F_Price，根据顾客姓名和商品名，查询订购该商品的总数量。
②删除函数F_Price。

【实验步骤】

(1)修改函数

修改函数F_Price，根据顾客姓名和商品名，查询订购该商品的总数量。

①在图标菜单中单击第一个图标 ，新建一个查询窗口。
②在查询窗口输入如下代码，先将原始存储函数删除，再创建新的存储函数。

```
USE `sales`;
DROP function IF EXISTS `F_Price`;
DELIMITER $$
USE `sales`$$
CREATE DEFINER=`root`@`localhost` FUNCTION `F_Price`(
in_cname char(50),
in_pname char(50)
) RETURNS float
    READS SQL DATA
RETURN (SELECT sum(qty) FROM orders,customers,products
    WHERE orders.cid=customers.cid AND orders.pid=products.pid
    AND customers.cname=in_cname AND products.pname=in_pname)$$
DELIMITER ;
```

③单击工具栏中的 　 按钮，执行窗口中的SQL语句，如图10.18所示。

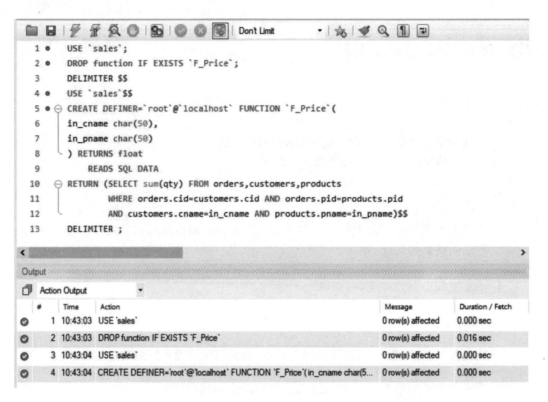

图10.18 修改函数F_Price

④对修改后的函数进行验证。新建查询窗口,输入并执行图10.19所示的SQL语句。

```
SET @in_cname = 'Tip Top';
SET @in_pname = 'comb';
SELECT F_price(@in_cname,@in_pname);
```

图10.19 对修改后的函数进行验证

(2)删除函数

删除函数F_Price。

①在图标菜单中单击第一个图标 ,新建一个查询窗口。

②在查询窗口中输入如下SQL语句:

```
USE `sales`;
DROP function IF EXISTS `F_Price`;
```

③单击工具栏中的 按钮,执行上面的 SQL 语句,如图 10.20 所示。

图 10.20　删除函数

习　题

1.针对数据库 library(表结构和内容见附录)创建下面存储过程:

①利用读者姓名(rname)查询该读者借阅的图书名称(btitle)、借阅时间(borrowdate)、图书的作者(bauthor)。

②查询图书的最高价格和最低价格。

③利用读者姓名(rname)和图书名(btitle)检索该图书的作者(bauthor)、价格(bprice)、图书的借阅时间(borrowdate)和归还时间(returndate)。

④根据图书名(btitle)统计该图书借阅的人数,并给出书名为"数据结构"的借阅人数。

⑤根据图书名(btitle)查询借阅该图书的读者姓名、年龄、教育程度、借阅时间、归还时间,给出"操作系统概论"图书的查询信息,并按图书借阅时间降序排序。

2.针对数据库 library(表结构和内容见附录)创建以下存储函数:

①创建一个函数,要求:根据读者姓名(rname)和借阅图书名(btitle)查询该读者借阅的时间(borrowdate)。

②创建一个函数,要求:根据借阅图书名(btitle),统计读者平均年龄。

③使用流程控制函数 case()实现如下功能:查询读者的编号和读者借书次数,根据读者借书次数输出读者的等级,如果读者借书次数大于等于 5,读者的等级为 A,如果读者借书次数大于等于 2 并且小于 5,读者的等级为 B,如果读者借书次数大于等于 0 并且小于 2,读者的等级为 C,否则读者的等级为 D。

实验11
事务和锁 ·······················○

　　事务是一系列的数据库操作,是数据库应用程序的基本逻辑单元,是并发控制的基本单位。组成一个事务的所有操作要么都做,要么都不做,是一个不可分割的工作单元。在关系数据库中,一个事务可以是一条SQL语句、一组SQL语句或整个程序。

【实验目的】

①理解事务的概念。
②掌握事务的创建和运行方法。
③理解MySQL的隔离级别。
④理解MySQL锁机制。
⑤理解事务加锁的机制。

【知识要点】

(1)事务的特性

　　事务是作为单个逻辑工作单元执行的一系列操作。一个逻辑工作单元必须具有四个属性:原子性(Atomicity)、一致性(Consistency)、隔离性(Isolation)和持续性(Durability),简称ACID属性。

　　1)原子性
　　事务必须是原子工作单元,事务中包含的诸操作要么都做,要么都不做。

　　2)一致性
　　事务执行的结果必须使数据库从一个一致性状态转变到另一个一致性的状态。

　　3)隔离性
　　一个事务的执行不能被其他事务干扰。即一个事务内部的操作及使用的数据对其他并发执行事务是隔离的,并发执行的各个事务之间不能互相干扰。

　　4)持续性
　　持续性也称永久性,指一个事务一旦提交,它对数据库中数据的改变就应该是永久性的,接下来的其他操作或故障不应该对其执行结果有任何影响。

(2)MySQL事务语句

在MySQL语言中,定义事务的语句有3条:

```
START TRANSACTION 或 BEGIN
COMMIT
ROLLBACK
```

事务通常是以 START TRANSACTION 或 BEGIN 开始,以 COMMIT 或 ROLLBACK 结束。

COMMIT表示提交,即提交事务的所有操作,它保证事务的所有修改在数据库中都永久有效,COMMIT 语句还释放事务使用的资源(例如锁)。

ROLLBACK表示回滚,即在事务运行的过程中出现错误,或用户决定取消事务,系统将事务中对数据库的所有已完成的操作全部撤销,数据返回到它在事务开始时所处的状态。ROLLBACK 还释放事务占用的资源。

(3)MySQL事务控制语句

MySQL有3种事务模式,即自动提交事务模式、显式事务模式和隐式事务模式。

①自动提交事务模式:每条单独的语句都是一个事务,是 MySQL 默认的事务管理模式。在此模式下,当一条语句成功执行后,它被自动提交隐式执行 COMMIT 操作,而当它在执行中产生错误时被自动回滚。执行"SET SESSION AUTOCOMMIT = 1"开启事务自动提交。

②显式事务模式:该模式允许用户手动开启和结束事务。事务以 START TRANSACTION 或 BEGIN语句作为开始,以 COMMIT 或 ROLLBACK语句结束。

③隐式事务模式:在隐式事务中,无须使用 START TRANASACTION 或 BEGIN 来开启事务,每个 SQL 语句第一次执行就会开启一个事务,直到用 COMMIT 或 ROLLBACK 来提交或回滚结束事务。执行"SET SESSION AUTOCOMMIT = 0",可使 MySQL 进入隐式事务模式。

(4)控制事务

应用程序主要通过指定事务启动和结束的时间来控制事务。可以使用SQL语句或数据库应用程序编程接口(API)函数来指定这些时间。系统还必须能够正确处理那些在事务完成之前便终止事务的错误。默认情况下,事务按连接级别进行管理。在一个连接上启动一个事务后,该事务结束之前,在该连接上执行的所有SQL语句都是该事务的一部分。

(5)MySQL的锁

使用锁机制是防止其他用户修改另外一个未完成的事务中的数据。锁保证数据并发访问的一致性和有效性。MySQL的锁分为表级锁和行级锁。

1)表级锁

表级锁是以表为单位进行加锁,开销小,加锁快,不会出现死锁。锁粒度大,发生锁冲突的概率最高,并发度最低,表级锁适合做查询为主的场景,如小型的Web应用。

表级锁包括表共享读锁(Table Read Lock)和表独占写锁(Table Write Lock)。

对于读操作,可以增加读锁,一旦数据表被加上读锁,其他请求可以对该表再次增加读锁,但是不能增加写锁。对于写操作,可以增加写锁,一旦数据表被加上写锁,其他请求无法对该表增加读锁和写锁。

MySQL表级锁加入方式:

```
LOCK TABLES
    tbl_name [[AS] alias] lock_type
    [, tbl_name [[AS] alias] lock_type] ...


lock_type: {
    READ [LOCAL]
  | [LOW_PRIORITY] WRITE
}
```

MySQL解锁方式:

```
UNLOCK TABLES;
```

2)行级锁

行级锁是以记录为单位进行加锁。开销大,加锁慢,会出现死锁。锁粒度最小,发生锁冲突的概率最低,并发度也最高。行级锁适用于高并发环境下,对事务完整性要求较高的系统,如在线事务处理系统。

行级锁包括共享锁(S锁)和排他锁(X锁)。

共享锁:又称为读锁,就是多个事务对于同一数据可以共享一把锁,都能访问到数据,但是只能读不能修改。

MySQL行级共享锁加锁方式:

```
SELECT * FROM table_references WHERE where_condition LOCK IN
SHARE MODE;
```

解锁方式:COMMIT/ROLLBACK。

排他锁:又称为写锁,排他锁不能与其他锁并存,如一个事务获取了一个数据行的排他锁,其他事务就不能再获取该行的锁(共享锁、排他锁),只有获取了排他锁的事务可以对数据行进行读取和修改。

MySQL行级排他锁加锁方式:

自动方式:在更新(INSERT、UPDATE、DELETE)语句中,MySQL将会对符合条件的记录默认自动加上排他锁。

手动加入方式:SELECT * FROM table_references WHERE where_condition FOR UPDATE;

3)表的意向锁

意向锁是隐式的表级锁,数据库开发人员在向表中的某些记录加行级锁时,MySQL首先会自动向该表施加意向锁,然后再施加行级锁。意向锁是数据引擎自己维护的,用户无法手动操作意向锁。MySQL提供两种意向锁:意向共享锁(IS)和意向排他锁(IX)。

意向共享锁(IS):表示事务准备给数据行加入共享锁,也就是说,一个数据行加共享锁前必须先取得该表的IS锁。例如,执行"SELECT * FROM table_references WHERE where_condition LOCK IN SHARE MODE;"后,MySQL在为表中符合条件的记录施加共享锁之前会自动地为该表施加意向共享锁(IS)。

意向排他锁(IX):表示事务准备给数据行加入排他锁,说明事务在一个数据行加排他锁前必须先取得该表的IX锁。例如,执行"SELECT * FROM table_references WHERE where_condition FOR UPDATE;"后,MySQL在为表中符合条件的记录施加排他锁之前会自动地为该表施加意向排他锁(IX)。

(6)事务隔离级别

事务隔离级别定义一个事务必须与由其他事务进行的资源或数据更改相隔离的程度。MySQL支持4种隔离级别,分别是读未提交(READ UNCOMMITTED)、读提交(READ COMMITTED)、可重复读(REPEATABLE READ)、串行化(SERIALIZABLE)。定义事务的隔离级别可以使用SET TRANSACTION语句,其语法形式如下:

```
SET SESSION TRANSACTION ISOLATION LEVEL
    SERIALIZABLE
    | REPEATABLE READ
    | READ COMMITTED
    | READ UNCOMMITTED;
```

在系统变量@@TRANSACTION_ISOLATION中存储了事务的隔离级别,用户可以用SELECT @@TRANSACTION_ISOLATION语句查看当前设置的事务隔离级别。

READ UNCOMMITTED:在该隔离级别,所有事务都可以看到其他未提交事务的执行结果。本隔离级别很少用于实际应用,因为它的性能也不比其他级别好多少。读取未提交的数据,也被称为脏读(Dirty Read)。

READ COMMITTED:一个事务只能看见已经提交事务所做的改变。这种隔离级别可以避免脏读现象,但可能出现不可重复读和幻读,因为同一事务的其他实例在该实例处理期间可能有新COMMIT,所以同一查询可能返回不同的结果。

REPEATABLE READ:这是MySQL的默认事务隔离级别,它确保同一事务的多个实例在并发读取数据时,会看到同样的数据行。这种隔离级别可以避免脏读以及不可重复读的现象,但可能出现幻读现象。幻读指当用户读取某一范围的数据行时,另一个事务又在该范围内插入了新行,当用户再读取该范围的数据行时会发现有新的"幻影"行。

SERIALIZABLE:这是最高的隔离级别,它通过强制事务排序,使之不可能相互冲突,从而解决幻读问题。简言之,它是在每个读的数据行上加上共享锁。在这个级别中,可能导致大量的锁等待超时现象和锁竞争。

在SERIALIZABLE隔离级别下,所有事务按照次序依次执行,因此,脏读、不可重复读、幻读都不会出现。虽然SERIALIZABLE隔离级别下的事务具有最高的安全性,但是会降低事务并发访问性能,因此不建议将事务隔离级别设置为SERIALIZABLE。

实验11.1 设计并执行事务

【实验目的】

①理解事务的概念。
②理解COMMIT语句的含义。
③理解ROLLBACK语句的含义。
④掌握简单事务的创建和运行方法。

【实验内容】

①创建一个事务,使它正常提交并进行测试:将顾客Tip Top的订单全部转让给代理商Jones。
②创建一个事务,使它回滚并进行测试:增加代理商编号为"a07"的信息。
③设计并执行复杂事务:顾客ACME通过代理商Jones打算订购pen商品500件,根据要求,该商品最多只有10 000件,问Jones是否能够订购到该商品,给出结果提示。如果订购成功,把订购的商品插入到数据库中。

【实验步骤】

(1)创建一个事务,使其正常提交

创建一个事务,使它正常提交并进行测试:将顾客Tip Top的订单全部转让给代理商Jones。

①在图标菜单中单击第一个图标 ,新建一个查询窗口。
②输入订单查询语句,查看顾客Tip Top的所有订单信息,如图11.1所示。

```
USE sales;
SELECT ordno,orders.cid,cname,orders.aid,aname,pid,qty,dollars
FROM orders,customers,agents
WHERE  orders. aid=agents. aid  and  orders. cid=customers. cid  and
cname='Tip Top';
```

```
1        USE sales;
2   ●    SELECT ordno,orders.cid,cname,orders.aid,aname,pid,qty,dollars
3        FROM orders,customers,agents
4        WHERE orders.aid=agents.aid and orders.cid=customers.cid and cname='Tip Top';
```

ordno	cid	cname	aid	aname	pid	qty	dollars
1011	c001	Tip Top	a01	Smith	p01	1000	450
1012	c001	Tip Top	a01	Smith	p01	1000	450
1017	c001	Tip Top	a06	Tom	p03	600	540
1018	c001	Tip Top	a03	Brown	p04	600	540
1019	c001	Tip Top	a02	Jones	p02	400	180
1022	c001	Tip Top	a05	Otasi	p06	400	720
1023	c001	Tip Top	a04	Gray	p05	500	450
1025	c001	Tip Top	a05	Otasi	p07	800	720

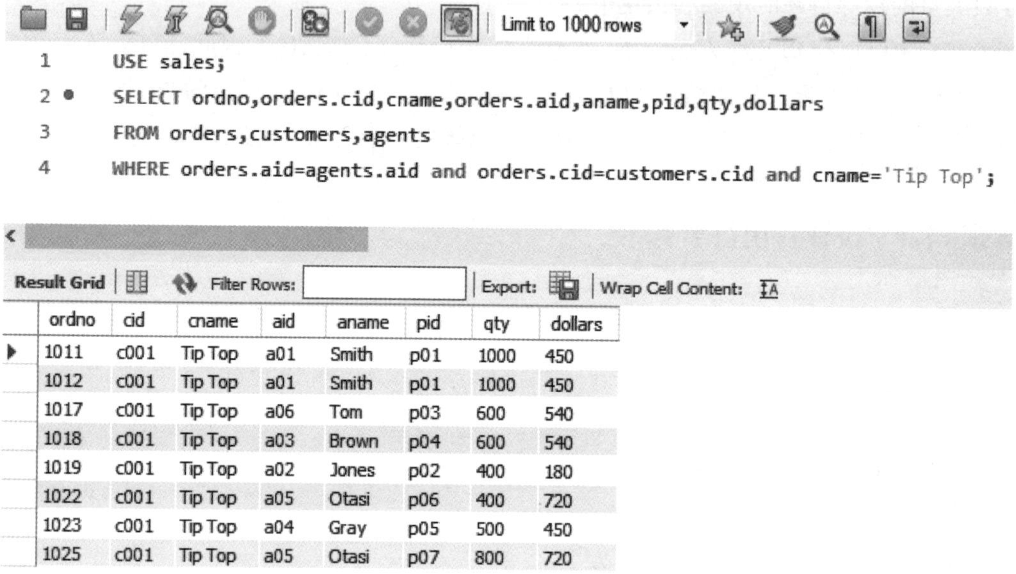

图11.1　执行事务前的订单数据

③新建一个查询窗口,输入下面的SQL语句:

```
START TRANSACTION;
USE sales;
UPDATE orders SET aid=(SELECT aid FROM agents WHERE aname='Jones')
WHERE cid=(SELECT cid FROM customers WHERE cname='Tip Top');
COMMIT;

SELECT * FROM orders;
```

④单击工具栏中的 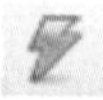　　按钮,执行窗口中的SQL语句,如图11.2所示。

⑤再次运行图11.1的SQL语句,进行订单查询,查看顾客Tip Top的所有订单信息,如图11.3所示,同时比较图11.1和图11.3的结果。

```
1 ●    START TRANSACTION;
2 ●    USE sales;
3 ●    UPDATE orders SET aid = (SELECT aid FROM agents WHERE aname='Jones')
4      WHERE cid = (SELECT cid FROM customers WHERE cname='Tip Top');
5 ●    COMMIT;
6
7 ●    SELECT * FROM  orders;
```

ordno	month	cid	aid	pid	qty	dollars
1011	Jan	c001	a02	p01	1000	450
1012	Jan	c001	a02	p01	1000	450
1013	Jan	c002	a03	p03	1000	880
1017	Feb	c001	a02	p03	600	540
1018	Feb	c001	a02	p04	600	540
1019	Feb	c001	a02	p02	400	180
1022	Mar	c001	a02	p06	400	720
1023	Mar	c001	a02	p05	500	450
1025	Apr	c001	a02	p07	800	720
1026	Mar	c002	a05	p03	800	704
NULL	NULL	NULL	NULL	NULL	NULL	NULL

图11.2 执行事务后的订单数据

（2）创建一个事务，使其回滚

创建一个事务，将它回滚并进行测试：增加代理商编号为"a07"的信息。

①在图标菜单中单击第一个图标 ，新建一个查询窗口。

②查看表agents的数据，输入查询语句执行，如图11.3所示。

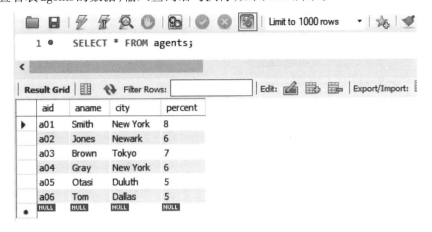

图11.3 查询执行事务前的代理商信息

③新建一个查询窗口,输入下面的SQL语句:

```
START TRANSACTION;
USE sales;
INSERT INTO agents VALUES ('a07','mary','Dallas',5);
SELECT ("已经插入代理商 a07 的信息! ") as '';
ROLLBACK;
```

④单击工具栏中的 按钮,执行窗口中的SQL语句,如图11.4所示。

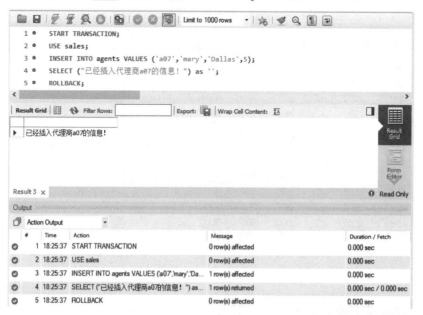

图11.4 执行事务

⑤再次查看表agents的数据,输入查询语句并执行,如图11.5所示。比较图11.3和图11.5,发现代理商表中并没有插入新行,原因是虽然在执行事务时,插入了新行,但是事务最后执行了ROLLBACK语句,又回滚到事务执行之前的状态,即插入行语句被撤销。

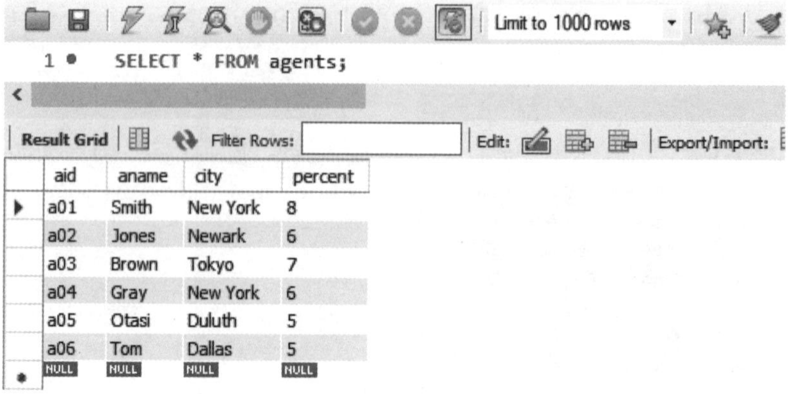

图11.5 执行事务后的代理商信息

（3）设计并执行复杂事务

设计并执行复杂事务：顾客 ACME 通过代理商 Jones 打算订购 pen 商品 500 件，根据要求，该商品最多只有 10 000 件，问 Jones 是否能够订购到该商品，给出结果提示。如果订购成功，把订购的商品插入到数据库中。

①在图标菜单中单击第一个图标 ，新建一个查询窗口。

②在查询窗口，输入下面的 SQL 语句并执行，如图 11.6 所示。

```sql
SET autocommit=0;    /*关闭自动提交*/
DELIMITER $$
CREATE PROCEDURE ord_pro()
BEGIN
    SET @Prod_num  = 500;
    SET @cid= (SELECT cid FROM customers WHERE cname='ACME');
    SET @aid= (SELECT aid FROM agents WHERE aname='Jones');
    SET @pid= (SELECT pid FROM products WHERE pname='pen');
    SET @ordno1 = (SELECT MAX(ordno) FROM orders);
    SET @ordno2=@ordno1+1;
    SET @Ord_num = (SELECT SUM(qty) FROM orders WHERE pid=@pid);
    IF @Ord_num+@Prod_num <10000 THEN
        BEGIN
            START TRANSACTION;
                INSERT INTO orders(ordno,aid,pid,cid,qty)
                VALUES (@ordno2, @aid, @pid, @cid, @prod_num);
                COMMIT;
                SELECT ("Jones 订购商品 pen 成功!") as '';
        END;
    ELSE
        BEGIN
            ROLLBACK;
            SELECT ("该商品已经被订购完,Jones 不能再订购! ") as '';
        END;
    END IF;
END $$
DELIMITER ;
```

```
  1 ●    SET autocommit=0;  /*关闭自动提交*/
  2       DELIMITER @@
  3 ●    CREATE PROCEDURE ord_pro()
  4 ⊖   BEGIN
  5           SET @Prod_num  = 500;
  6           SET @cid= (SELECT cid FROM customers WHERE cname='ACME');
  7           SET @aid= (SELECT aid FROM agents WHERE aname='Jones');
  8           SET @pid= (SELECT pid FROM products WHERE pname='pen');
  9           SET @ordno1 = (SELECT MAX(ordno) FROM orders);
 10           SET @ordno2=@ordno1+1;
 11           SET @Ord_num = (SELECT SUM(qty) FROM orders WHERE pid=@pid);
 12 ⊖       IF @Ord_num+@Prod_num <10000 THEN
 13 ⊖           BEGIN
 14                   START TRANSACTION;
 15                       INSERT INTO orders(ordno,aid,pid,cid,qty)
 16                       VALUES (@ordno2, @aid, @pid, @cid, @prod_num);
 17                       COMMIT;
 18                       SELECT ("Jones订购商品pen成功!") as '';
 19               END;
 20           ELSE
 21 ⊖           BEGIN
 22                   ROLLBACK;
 23                   SELECT ("该商品已经被订购完，Jones不能再订购!") as '';
 24               END;
 25           END IF;
 26       END @@
 27
```

#	Time	Action	Message	Duration / Fetch
⊘ 1	18:16:23	SET autocommit=0	0 row(s) affected	0.000 sec
⊘ 2	18:16:23	CREATE PROCEDURE ord_pro() BEGIN SET ...	0 row(s) affected	0.000 sec

图11.6 执行复杂事务

③调用存储过程,查看表orders的数据,如图11.7所示。查看该商品的订单信息已经存在。

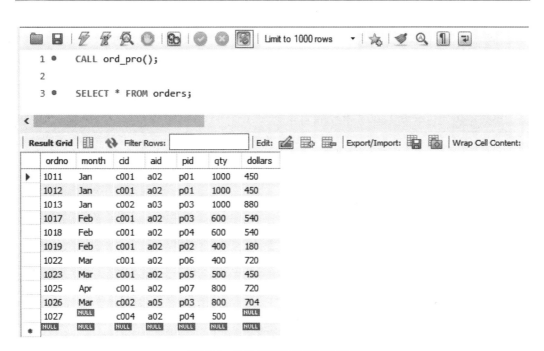

图11.7　执行复杂事务的订单数据

实验11.2　隔离级别和锁的使用

【实验目的】

① 理解 MySQL 的隔离级别。
② 理解 MySQL 的锁机制。
③ 理解事务加锁的机制。

【实验内容】

① 创建事务1和事务2,设置事务隔离级别为"READ-UNCOMMITTED"。在事务1中执行更新语句,在事务2中执行查询语句,比较执行结果。

② 创建事务1和事务2,设置事务隔离级别为"READ-COMMITTED"。在事务1中执行更新语句,在事务2中执行查询语句,比较执行结果。

③ 创建事务1和事务2,设置事务隔离级别为"REPEATABLE-READ"。在事务1中执行更新语句,在事务2中执行查询语句,比较执行结果。

④ 创建事务1和事务2,对事务设置表级别的S锁和X锁,比较事务1和事务2的执行结果。对事务1和事务2模拟死锁,查看死锁和解除锁。

【实验步骤】

(1)设置事务隔离级别为"READ-UNCOMMITTED"

创建事务1和事务2,设置事务隔离级别为"READ-UNCOMMITTED"。在事务1中执行更新语句,在事务2中执行查询语句,比较执行结果。

①单击"WIN+R"键,输入"cmd",回车即可打开命令提示符窗口;或者在屏幕左下方搜索框输入"cmd",可以找到cmd,单击即可,如图11.8所示。

图11.8　打开命令行

②输入"title 事务1"的命令,回车后,设置会话窗口名称为"事务1"。

③输入"mysql -uroot -p"的命令,然后回车,会提示输入密码,输入密码后即可连接MySQL,如图11.9所示。

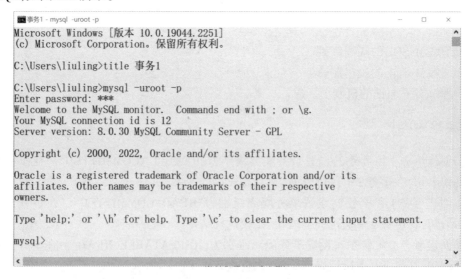

图11.9　建立事务1会话

④重复步骤②和③,建立名称为"事务2"的会话窗口,并连接MySQL,如图11.10所示。

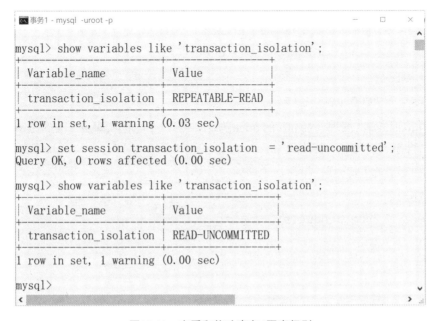

图11.10 建立事务2会话

⑤分别在两个会话窗口中,查看和修改隔离级别。输入下面的SQL语句并回车执行,查看当前设置的事务隔离级别。

show variables like 'transaction_isolation';

或者

select @@transaction_isolation;

然后输入下面SQL语句并回车执行,修改会话窗口的隔离级别为"读未提交",如图11.11和图11.12所示。

set session transaction_isolation = 'read-uncommitted';

图11.11 查看和修改事务1隔离级别

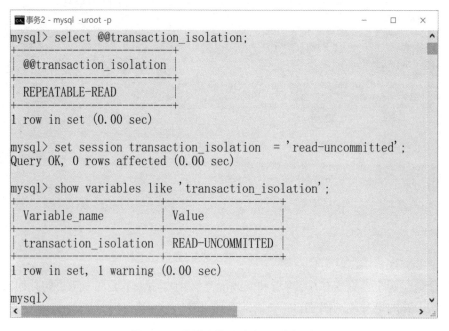

图11.12　查看和修改事务2隔离级别

⑥在事务1会话窗口,依次输入下面命令并执行:

```
use sales;
select * from products;
begin;
update products set price=1 where pid ='p01';
select * from products;
```

事务1修改了products表中p01的价格,但未提交,如图11.13所示。

⑦在事务2会话窗口,依次输入下面命令并执行:

```
use sales;
select * from products;
```

查询products表,发现产品p01的price为1,如图11.14所示,事务2读的是事务1未提交的数据,即事务2发生了脏读现象。

⑧再回到事务1会话窗口,输入下面命令并执行:

```
rollback;
select * from products;
```

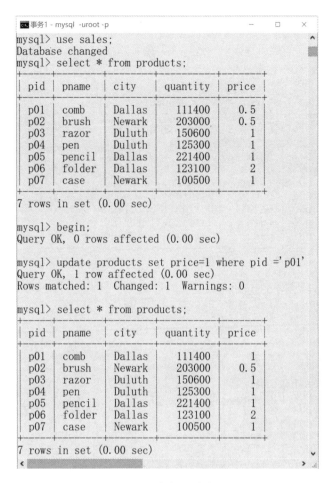

图11.13 事务1更新操作

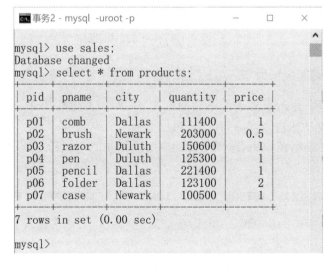

图11.14 事务2读到脏数据

事务1进行了回滚操作,然后再查询products表,发现p01的price又变成0.5,如图11.15所示。

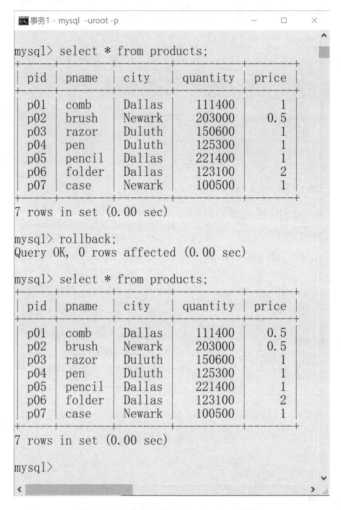

图11.15　事务1进行ROLLBACK操作

(2)设置事务隔离级别为"READ-COMMITTED"

创建事务1和事务2,设置事务隔离级别为"READ-COMMITTED"。在事务1中执行更新语句,在事务2中执行查询语句,比较执行结果。

①分别在两个会话窗口中,输入下面的SQL语句并回车执行,修改隔离级别为"读已提交"。

```
SET SESSION TRANSACTION_ISOLATION  = 'READ-COMMITTED';
```

②重复前一个实验的步骤⑥—⑧,即在事务1会话窗口,依次输入下面命令并执行:

```
use sales;
select * from products;
begin;
```

```
update products set price=1 where pid ='p01';
select * from products;
```

事务1修改了products表中p01的价格，但未提交，如图11.16所示。

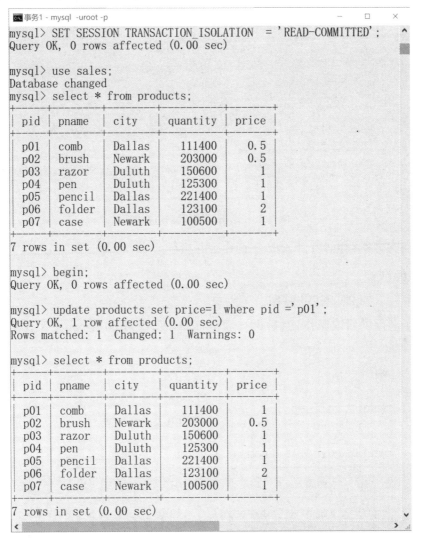

图11.16　事务1进行更新操作

然后在事务2会话窗口，依次输入下面命令并执行：

```
use sales;
select * from products;
```

查询products表，发现读出的products表的产品p01的price为0.5，如图11.17所示，事务2读的是事务1提交的数据，即事务2未发生脏读现象。

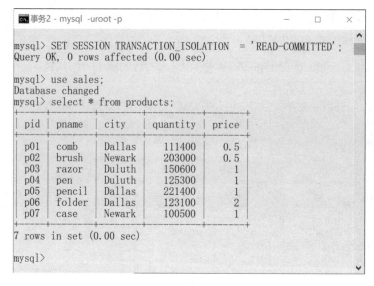

图11.17　事务2没有读到脏数据

最后回到事务1会话窗口,输入下面命令并执行:

```
rollback;
select * from products;
```

事务1进行了回滚操作,然后再查询products表,发现p01的price又变成0.5,如图
11.18所示。

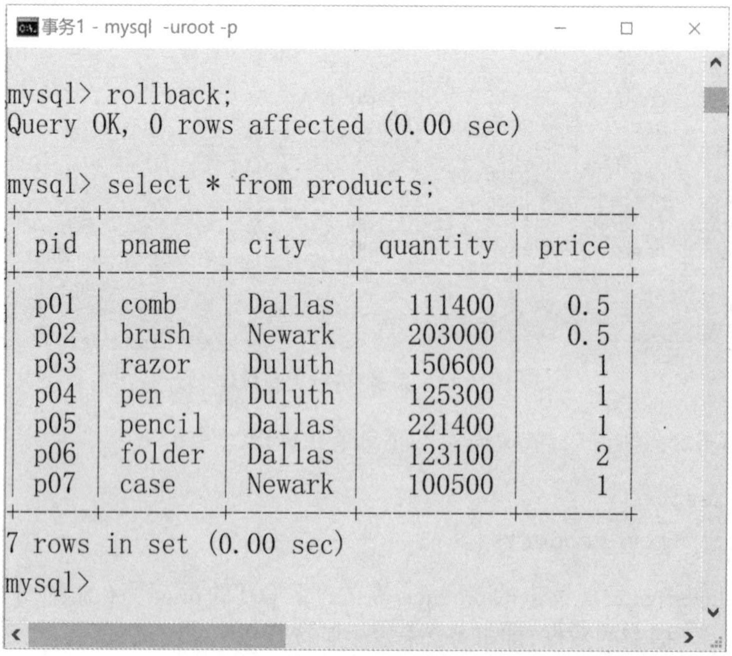

图11.18　事务1进行ROLLBACK操作

(3)设置事务隔离级别为"REPEATABLE-READ"

创建事务1和事务2,设置事务隔离级别为"REPEATABLE-READ"。在事务1中执行更新语句,在事务2中执行查询语句,比较执行结果。

①分别在两个会话窗口中,输入下面的SQL语句并回车执行,修改隔离级别为"可重复读",如图11.19和图11.20所示。

```
set session transaction_isolation  = 'repeatable-read';
select @@transaction_isolation;
```

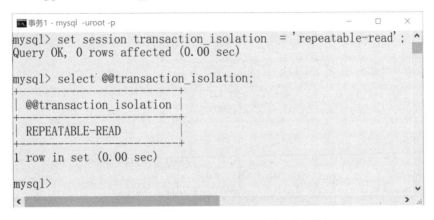

图11.19　修改事务1隔离级别为"可重复读"

图11.20　修改事务2隔离级别为"可重复读"

②在事务1会话窗口,依次输入下面命令并执行:

```
use sales;
begin;
select * from products;
update products set price= price-0.5 where pid ='p06';
select * from products;
```

事务1先查询了 products 表,p06 的 price 为2,然后修改了 products 表中 p06 的价格,但未提交,再查询 products 表的 p06 的 price 为1.5,如图11.21所示。

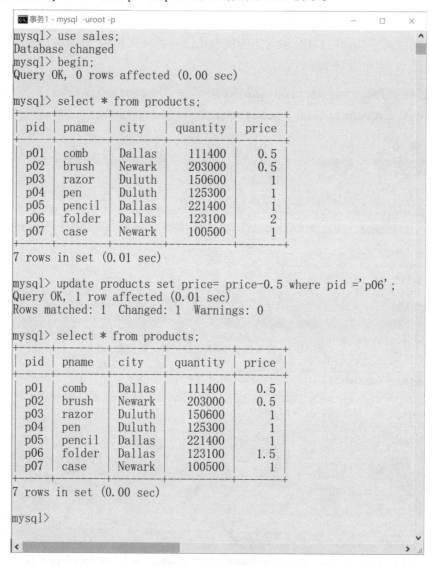

图11.21　事务1查询结果

③在事务2会话窗口,依次输入下面命令并执行:

```
use sales;
begin;
select * from products;
```

查询 products 表,发现产品 p06 的 price 仍然为2,如图11.22所示。

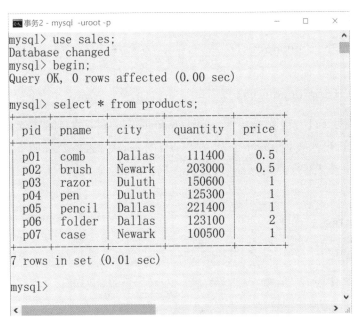

图11.22　事务2的查询结果

④再回到事务1会话窗口,输入下面命令并执行:

commit;
select * from products;

事务1进行了提交操作,然后再查询事务1的products,发现p06的price仍然为1.5,如图11.23所示。

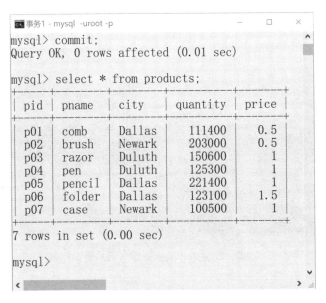

图11.23　事务1提交后的查询结果

⑤再回到事务2会话窗口,输入下面命令并执行:

```
select * from products;
commit;
select * from products;
```

事务2在事务1进行提交操作前,查询products表的p06的price是2,事务2在事务1进行提交操作后,再次查询products表,发现p06的price仍然是2,证明事务2的隔离级别是可重复读。事务2进行提交操作后,再次查询products表,这时候p06的price为1.5,如图11.24所示。

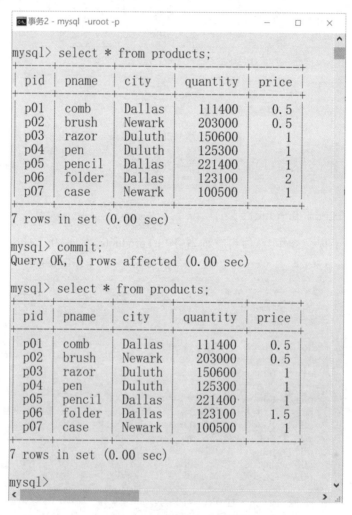

图11.24 事务2进行提交操作前后的查询结果

(4)对事务设置表级别的S锁和X锁

创建事务1和事务2,对事务设置表级别的S锁和X锁,比较事务1和事务2的执行结

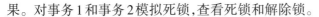

果。对事务1和事务2模拟死锁,查看死锁和解除锁。

①创建事务1会话窗口,并连接MySQL。依次输入下面命令并执行:

```
use sales;
begin;
lock tables agents read;
select * from agents;
update agents set percent=5 where aid='a01';
select * from  orders;
```

对agents加表级别的读锁(S锁),加入S锁后可以查询agents表,但不能对agents表进行更新操作,也不能对其他表进行查询操作,因为其他表没有加锁,如图11.25所示。

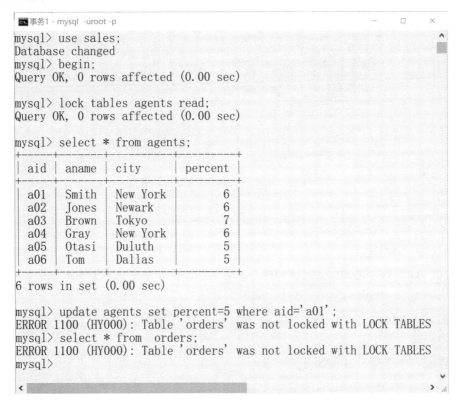

图11.25　事务1加表级别的S锁

②创建事务2会话窗口,并连接MySQL。依次输入下面命令并执行:

```
show open tables where in_use > 0;
use sales;
select * from agents;
```

在事务1没有通过"unlock tables"命令解锁表之前,输入SQL语句:"show open tables

where in_use > 0"，显示加锁的表，然后设置当前数据库，并查询 agents 表，发现可以访问该表，说明不同事务会话窗口可以共享表的读锁，如图 11.26 所示。

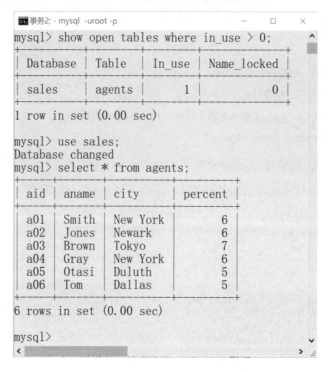

图11.26　事务2查询加S锁的agents 表

③回到事务1会话窗口，依次输入下面命令并执行：

```
unlock tables;
lock tables agents write;
show open tables where in_use > 0;
update agents set percent=5 where aid='a01';
select * from  agents;
select * from  orders;
```

对于事务1，对 agents 加表级别的 X 锁，加了 X 锁后可以对 agents 表进行更新和读操作，但不能对其他表查询，因为其他表没有加锁，如图 11.27 所示。

④回到事务2会话窗口，依次输入下面命令并执行：

```
show open tables where in_use > 0;
select * from  agents;
```

在事务1没有通过"unlock tables"命令解锁表之前，显示加锁的 agents 表，然后查询 agents 表，发现不能访问该表，只能等待 agents 表解锁，如图 11.28 所示。

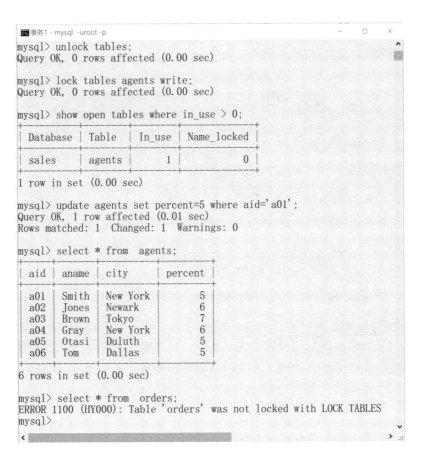

图11.27 事务1对agents 表加X锁

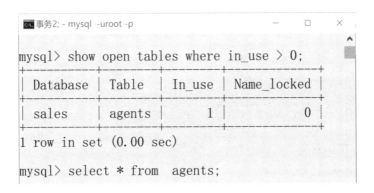

图11.28 事务2不能查询加了X锁的agents表

⑤回到事务1会话窗口,依次输入下面命令并执行:

```
unlock tables;
use sales;
select * from  products;
begin;
update products set price=1 where pid='p01';
```

事务1更新products表中的p01的price数值。

⑥回到事务2会话窗口,依次输入下面命令并执行:

```
use sales;
select * from  products;
begin;
update products set price=2 where pid='p02';
```

事务2更新products表中的p02的price数值。

⑦回到事务1会话窗口,输入下面命令并执行:

```
update products set price=1.5 where pid='p02';
```

事务1又更新products表中p02的price数值,事务1进入等待状态。

⑧回到事务2会话窗口,输入下面命令并执行:

```
update products set price=2 where pid='p01';
```

事务2更新products表中p01的price数值,事务1封锁了p01,又需要封锁p02,事务2封锁了p02,又需要封锁p01,这样就形成了死锁。当出现死锁以后,事务1直接进入等待,事务2检测到死锁,然后中断事务2后,事务1最后一条更新语句完成,耗时11.87秒,如图11.29和图11.30所示。

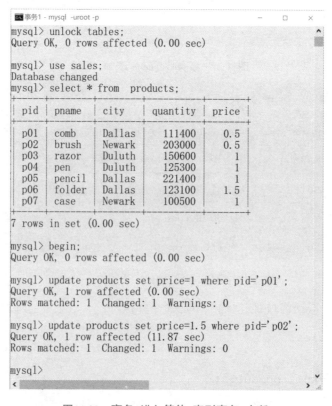

图11.29　事务1进入等待,直到事务2中断

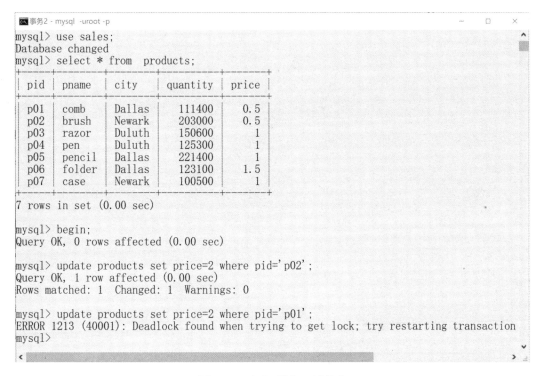

图11.30　事务2进入死锁状态

习　题

针对数据库Library(表结构和内容见附录)进行下面的实验。

1.设计并执行事务:读者"赵楠"毕业,从Reader表删除他的信息,同时删除Borrow表中该读者的记录。

2.编写一个事务:"数据结构"图书只有5本,读者"李伟"打算借阅这本书,该读者能否借阅到这本书,给出结果提示。

3.设计一个实验,理解COMMIT语句和ROLLBACK语句的含义。

4.设计一个实验,理解不同的事务隔离级别的含义和功能,以及对事务执行的影响。

5.设计一个实验,理解不同级别MySQL锁机制。

实验 12
应用 PowerDesigner 进行数据库建模·························○

　　PowerDesigner 是 Sybase 公司的 CASE（Computer Aided Software Engineering，计算机辅助软件工程）工具集，使用它可以方便地对管理信息系统进行分析设计，它几乎包括了数据库模型设计的全过程。PowerDesigner 提供了直观的符号，使数据库的创建更加容易，并使项目组内的交流和通信标准化，同时能更加简单地向非技术人员展示数据库和应用的设计。

【实验目的】

掌握使用 Sybase PowerDesigner 16.5 进行数据库建模的方法。

【知识要点】

　　概念数据模型（Conceptual Data Model，CDM）：表示数据库的全部逻辑的结构，反映了业务领域中信息之间的关系，与任何的软件或数据存储结构无关，不依赖于物理实现。CDM 以实体-联系图（E-R 图）理论为基础，并对这一理论进行了扩充。它从用户的观点出发对信息进行建模，主要用于数据库的概念设计。

　　逻辑数据模型（Logical Data Model，LDM）：逻辑模型是概念模型的延伸，表示概念之间的逻辑次序，是一个属于方法层次的模型。具体来说，逻辑模型一方面显示了实体、实体的属性和实体之间的关系，另一方面又将继承、实体关系中的引用等在实体的属性中进行展示。逻辑模型介于概念模型和物理模型之间，具有物理模型方面的特性，逻辑模型使得整个概念模型更易于理解，同时又不依赖于具体的数据库实现，使用逻辑模型可以生成针对具体数据库管理系统的物理模型。

　　物理数据模型（Physical Data Model，PDM）：物理数据建模把 CDM 与特定 DBMS 的特性结合在一起，产生 PDM。同一个 CDM 结合不同的 DBMS 产生不同的 PDM。PDM 中包含了 DBMS 的特征，反映了主键（Primary Key）、外键（Foreign key）、候选键（Alternative）、视图（View）、索引（Index）、触发器（Trigger）、存储过程（Stored Procedure）等特征。

实验 12.1　创建概念数据模型

【实验目的】

掌握使用 Sybase PowerDesigner 16.5 创建概念数据模型的方法。

【实验内容】

使用Sybase PowerDesigner 16.5创建概念数据模型。

【实验步骤】

①启动 PowerDesigner 16.5,界面如图12.1所示。

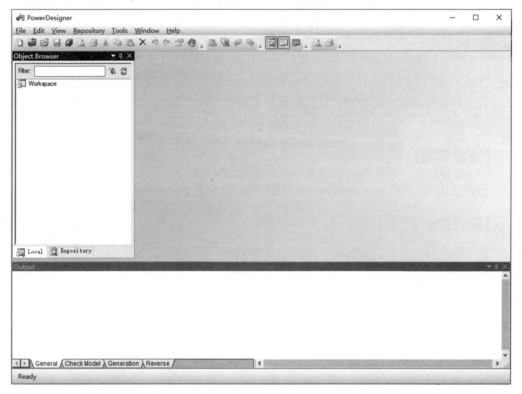

图12.1　PowerDesigner界面

②在 PowerDesigner 界面的下拉菜单中,选择"File"→"New Model",弹出"New Model"对话框,如图12.2所示。在左边的"Category"框中,选择"Information";在右边的"Category items"框中选择"Conceptual Data";在对话框的下方"Model name"处输入"sales",然后单击"OK"按钮。

③定义 CDM 中的域。在 PowerDesigner 界面的下拉菜单中,选择"Model"→"Domains",弹出"List of Domains"对话框,如图12.3所示。分别为"Name"和"Code"输入数据"city",单击"Data Type"内的按钮,在弹出"Standard Data Types"的对话框中选择"Variable characters"数据类型,并在"Length"框中输入"50",建立名为"city"的域,如图12.4所示。

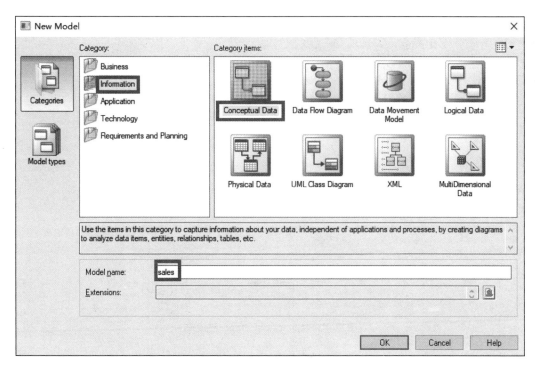

图12.2 New Model对话框

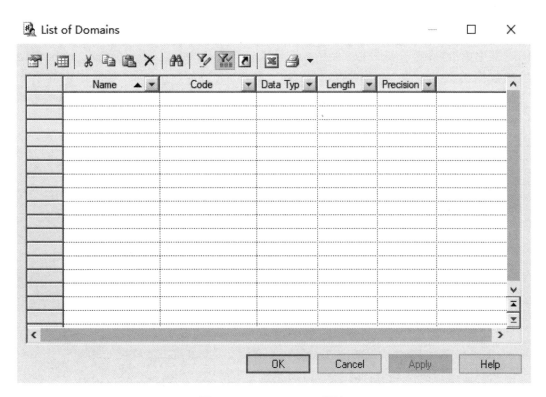

图12.3 List of Domains对话框

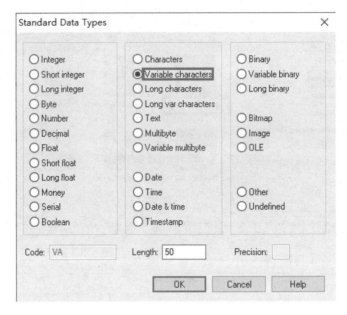

图12.4　Standard Data Types对话框

④定义数据项。在PowerDesigner界面的下拉菜单中，选择"Model"→"Data Items"，弹出"List of Data Items"对话框，如图12.5所示。在"Name"中分别输入aid、pid、cid、cname、aname、city、pname数据项，选中"aid"行，鼠标单击对话框上方的第一个图标设置数据项的特性，弹出图12.6的提示框，单击"是"按钮。在"Data Item Properties"对话框中的"Data type"框的下拉列表中选择"Characters（%n）"，修改"length"框中的值为"3"，然后在"Data type"框中单击"确定"，如图12.7所示。同样操作设置cid、pid、aname、cname、pname数据项的数据类型。设置"city"的数据类型时，在"Data Item Properties"对话框中的下方"Domain"框的下拉列表中选择"city"，单击"确定"按钮。最后回到"List of Data Items"对话框，单击"OK"按钮，如图12.5所示。

	Name	Code	Data Type	Length	Precision
1	aid	aid	Characters (3)	3	
2	pid	pid	Characters (3)	3	
3	cid	cid	Characters (4)	4	
4	cname	cname	Variable characters (30)	30	
5	aname	aname	Variable characters (50)	50	
→ city	city	city	Variable characters (50)	50	
7	pname	pname	Variable characters (50)	50	

图12.5　List of Data Items对话框

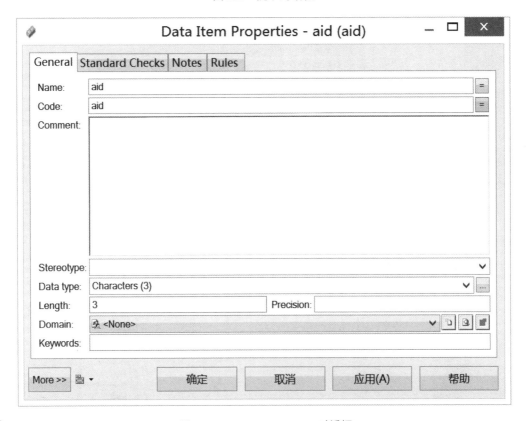

图12.6　提示对话框

图12.7　Data Item Properties对话框

⑤定义模型选项。在PowerDesigner界面的下拉菜单中,选择"Tools"→"Model Options"。在弹出的"Model Options"对话框,可以设置表示法选项、数据项选项和联系选项、域和属性选项。在"Notation"下拉列表中选择"E/R+ Merise"项,然后单击"OK"按钮,如图12.8所示。在弹出的确认对话框中,选择"是"按钮。

⑥定义实体。在"Toolbox"选项页单击"Conceptual Diagram"展开图标下选择 ,在图形绘制区单击建立实体,如图12.9所示。

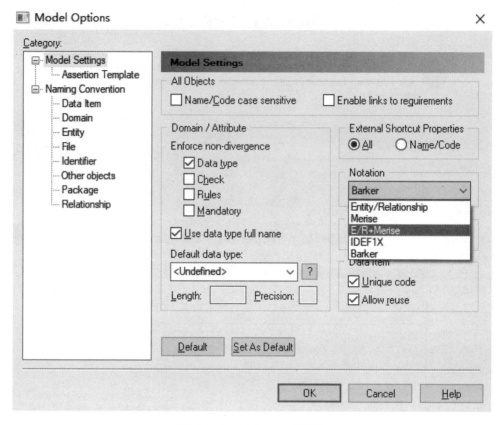

图12.8 Model Options对话框

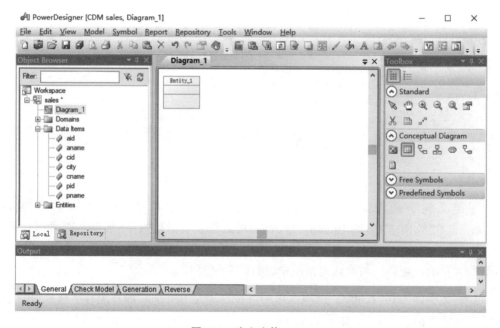

图12.9 建立实体Entity

⑦在"Toolbox"选项页单击"Standard"展开图标,选择 ,双击"Entity_1",弹出"Entity Properties"对话框,输入实体"agents"的相关数据。在"General"选项页的"Name"框中输入实体名,"Code"框中指定对象的技术名称,用于代码或脚本生成,默认与Name相同,如图12.10所示。

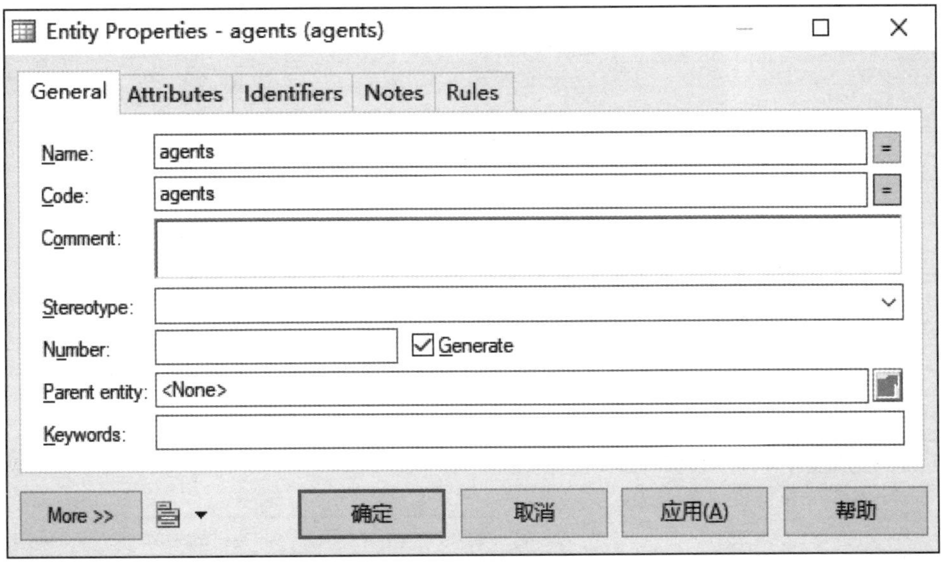

图12.10　Entity Properties对话框

⑧在"Attributes"选项页中,单击对话框上方的第4个图标增加数据项,显示出"Selection(sales)"对话框,勾选"aid""aname"和"city"这3个属性,然后单击"OK"按钮,如图12.11所示。再分别输入实体的另1个属性"percent"的属性名、数据类型、长度,设置各属性的相关特性,单击"确定"按钮,如图12.12所示。得到的实体agents如图12.13所示。

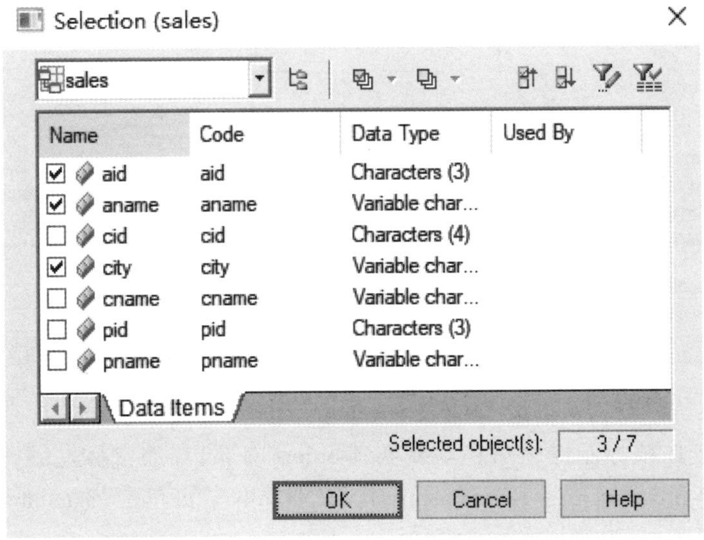

图12.11　Selection(sales)对话框

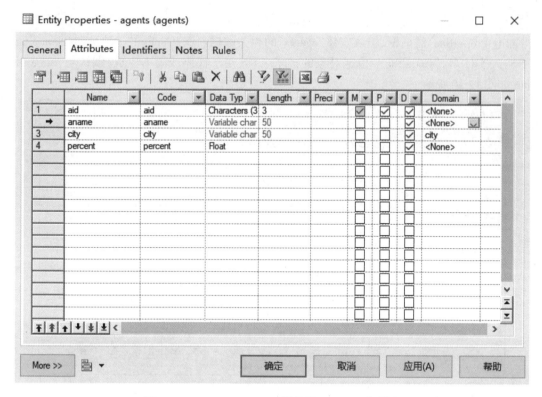

图12.12   Entity Properties对话框的Attributes选项页

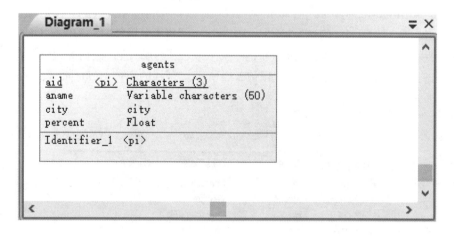

图12.13   实体agents及其相关数据

⑨重复步骤⑥到步骤⑧,得到实体customers、products和orders,如图12.14所示。

⑩定义联系。在"Toolbox"单击"Conceptual Diagram"展开图标,选择 ,在实体products内部按住鼠标左键然后拖动到实体orders内部,释放鼠标左键,此时生成实体products和实体orders的联系Relationship_1。在"Toolbox"页单击"Standard"展开图标,选择 ,双击Relationship_1,弹出"Relationship Properties"的对话框,在"General"选项页中输入联系名"ord_pro",如图12.15所示。在"Cardinalities"选项页中的"Cardinalities"项选

择"One-many",表示products和orders是1∶n的联系;在"products to orders"项中不勾选
"Mandatory(强制的)",Cardinality中的"0,n"表示1个产品可以对应0个或多个订单;在
"orders to products"中勾选"Mandatory",Cardinality中的"1,1"表示1个订单必须对应且仅
对应1个产品,单击"确定"按钮,得到关系ord_pro,如图12.16所示。

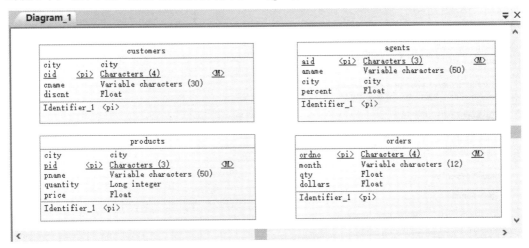

图12.14　四个实体及其相关数据

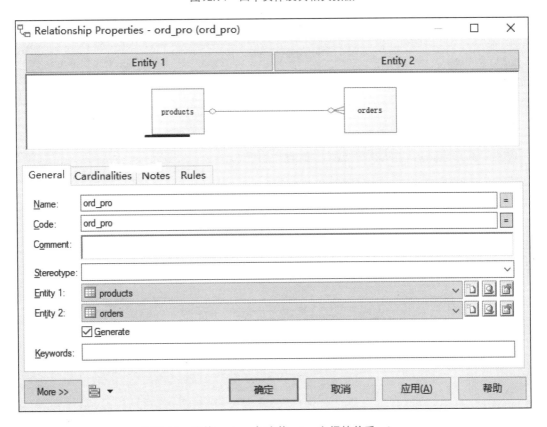

图12.15　实体products与实体orders之间的关系ord_pro

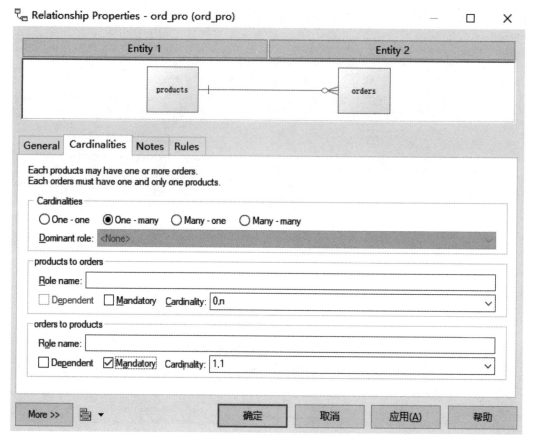

图12.16 关系ord_pro的相关数据

⑪重复步骤⑩,得到关系 ord_cus、ord_age,如图 12.17 所示。

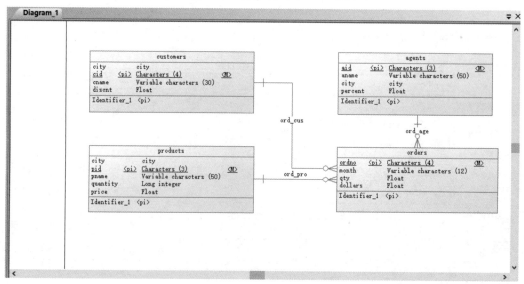

图12.17 三个关系及其相关数据

⑫选择菜单命令"File"→"Save",保存文件。在 PowerDesigner 的"Object Browser"页中查看概念模型 sales,如图 12.18 所示。

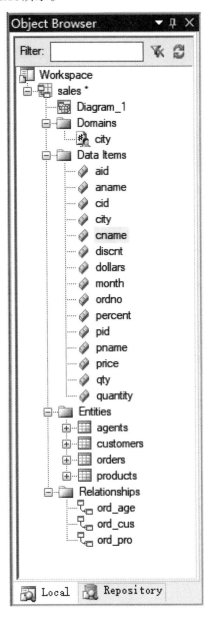

图 12.18   概念模型 sales

⑬检查 CDM 中 的 对 象。选择"Tools"→"Check Model"。在 弹 出 的"Check Model Parameters"对话框中的"Options"选项页,可以设置系统检查选项,单击"确定"按钮,如图 12.19 所示。检查结果如图 12.20 所示。概念数据模型是正确的,没有找到错误,只有一个警告,数据项"city"被使用多次。对于警告,可以不用修改模型,如图 12.21 所示。

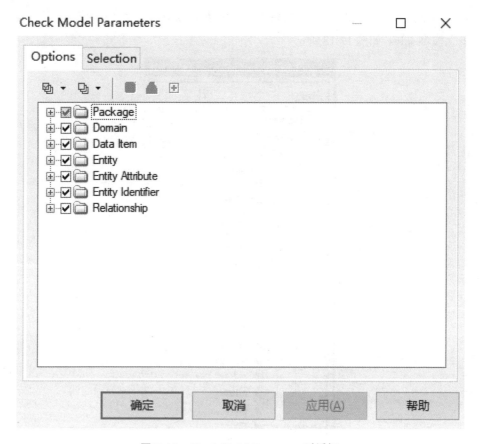

图12.19 Check Model Parameters对话框

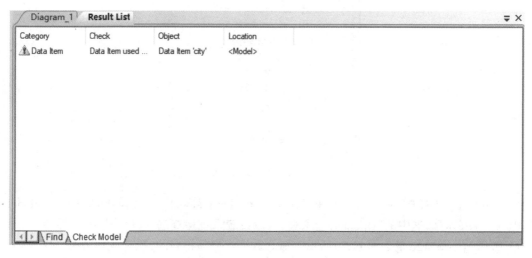

图12.20 Result List 窗口

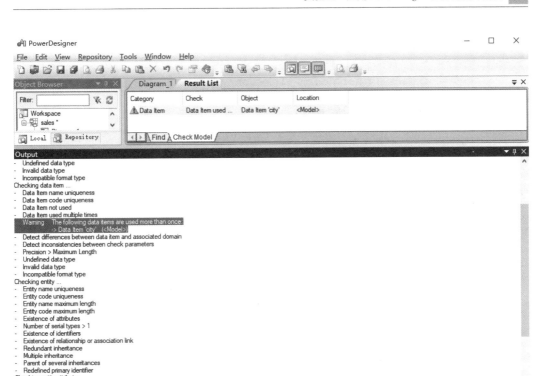

图12.21　模型检查的输出信息

⑭选择菜单命令"File"→"Save"，弹出"另存为"对话框。在"文件名"框中输入
"sales"，然后单击"保存"按钮。

实验12.2　建立逻辑数据模型

【实验目的】

掌握使用Sybase PowerDesigner 16.5创建逻辑数据模型的方法。

【实验内容】

从实验12.1建立的概念数据模型生成逻辑数据模型。

【实验步骤】

①打开概念数据模型sales，在PowerDesigner界面的下拉菜单中，选择"Tools"→
"Generate Logical Data Model"，弹出"LDM Generation Options"对话框，如图12.22所示。单
击页面上的"Configure Model Options..."按钮，在"Model Options"对话框的"Notation"下拉
列表中选择"Entity/Relationship"，然后单击"OK"按钮。

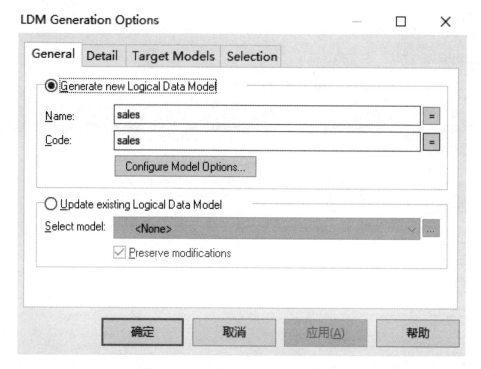

图12.22　LDM Generation Options对话框

　　②在"LDM Generation Options"对话框中单击"确定"按钮,生成逻辑数据模型,如图12.23所示。

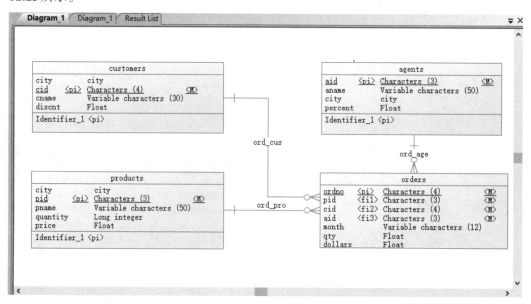

图12.23　生成逻辑数据模型

　　③在下拉菜单中,选择"File"→"Save",弹出"另存为"对话框。在"文件名"框中输入"sales",然后单击"保存"按钮。

实验12.3　建立物理数据模型

【实验目的】

掌握使用Sybase PowerDesigner 16.5创建物理数据模型的方法。

【实验内容】

从实验12.2建立的逻辑数据模型生成物理数据模型。

【实验步骤】

①打开逻辑数据模型 sales，在 PowerDesigner 界面的下拉菜单中，选择"Tools"→
"Generate Physical Data Model"，弹出"PDM Generation Options"对话框，如图12.24所示。

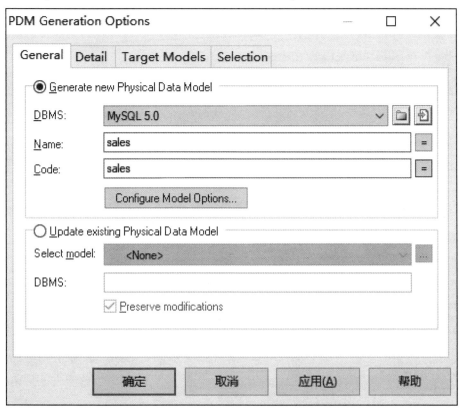

图12.24　PDM Generation Options对话框

②在选项页"General"中，选择"DBMS"为 MySQL 5.0，输入名称"sales"，单击"确定"按
钮，得到物理模型sales，如图12.25所示。

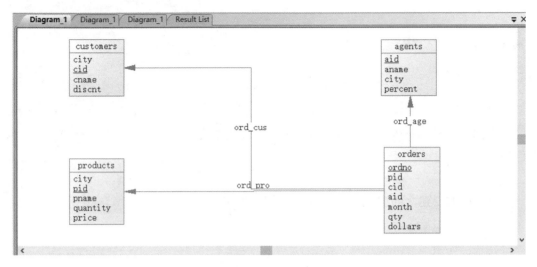

图12.25　物理模型sales

③修改 PDM 中的表。双击 Customers 表,显示"Table Properties"对话框,如图 12.26所示。

Table Properties - customers (customers)　　　　　—　　□　　×

Physical Options	MySQL	Notes	Rules	Preview
General	Columns	Indexes	Keys	Triggers	Procedures

Name:　customers

Code:　customers

Comment:

Stereotype:

Owner:　<None>

Number:　　　　　　　Row growth rate (per year): 10%

Dimensional type: <None>　　☑ Generate

Keywords:

More >>　　　　　确定　　取消　　应用(A)　　帮助

图12.26　Table Properties对话框

④对 customers 表的 city 列创建非聚集索引 citiesx。转换到"Indexes"选项页,单击工具栏中"Add a Row"图标,即添加一个索引。双击所选择的索引或单击工具栏上"Properties"工具,打开"Index Properties"对话框,输入"Name"为"citiesx",如图 12.27所示。转换到"Columns"选项页,单击工具栏中的"Add columns"图标,选择"city"列,单击"OK"按

钮,关闭"Selection"对话框。然后单击"确定"按钮,关闭"Index Properties"对话框,结果如图 12.28 所示。

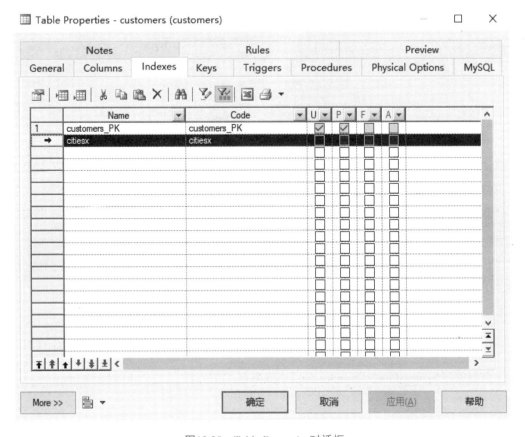

图 12.27　Index Properties 对话框

图 12.28　Table Properties 对话框

⑤对 customers 表创建存储过程 proc_Qcustomer:通过顾客的 cid 查询顾客的姓名、城市和这个顾客的折扣,默认顾客 cid 为"c001"。其步骤为:

- 转换到"Procedures"选项页,单击工具栏中"Create an Object"工具,即添加一个存储过程并打开"Procedure Properties"对话框。
- 输入"Name"为"proc_Qcustomer",转换到"Definition"选项页,输入如图 12.29 所示的代码,单击"确定"按钮退出。

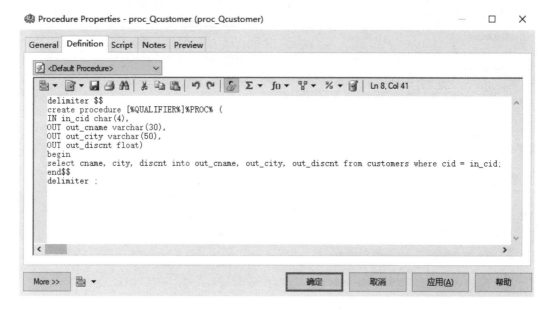

图12.29　Procedure Properties对话框

⑥单击"确定"按钮,关闭"Table Properties"对话框。

⑦检查 PDM 中的对象。选择"Tools"→"Check Model",弹出"Check Model Parameters" 对话框,在"Options"选项页,可以设置系统检查选项,单击"确定",完成检查。如果有错误提示,必须进行修改,警告提示可以忽略。

⑧选择菜单命令"File"→"Save",弹出"另存为"对话框。在"文件名"框中输入"sales",然后单击"保存"按钮。

实验 12.4　生成数据库

【实验目的】

掌握使用 Sybase PowerDesigner 16.5 生成数据库的方法。

【实验内容】

从实验12.3建立的物理数据模型生成数据库。

【实验步骤】

①打开物理数据模型sales,在PowerDesigner界面的下拉菜单中,选择"Database"→"Generate Database",弹出"Database Generation"对话框,如图12.30所示。

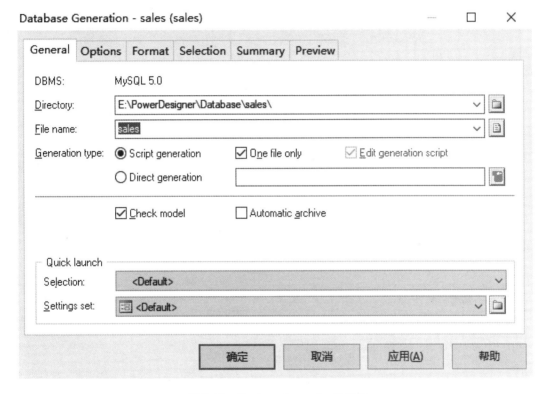

图12.30 Database Generation对话框

②在选项页"General"中,选择SQL脚本保存的路径及输入SQL脚本的名称。在选项页"Options"中取消勾选"Drop Table""Drop index"和"Drop procedure",单击"确定"按钮,结果如图12.31所示。

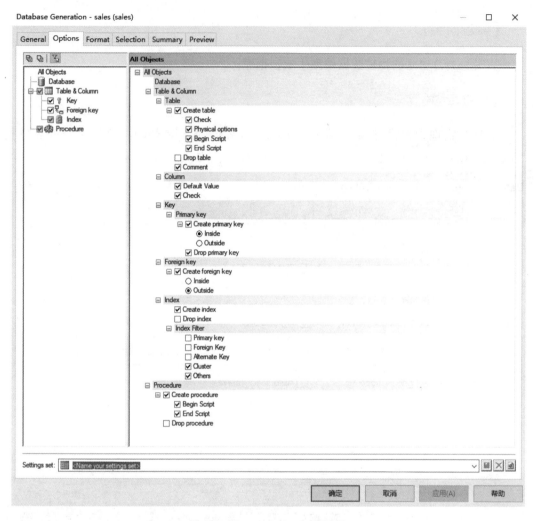

图12.31　Generated Files结果框

③查看步骤②保存的脚本文件sales.sql，内容为：

```
/*==============================================================*/
/* DBMS name:      MySQL 5.0                                    */
/* Created on:     2022/7/7 16:19:29                            */
/*==============================================================*/

/*==============================================================*/
/* Table: agents                                               */
/*==============================================================*/
create table agents
(
    aid             char(3) not null,
    aname           varchar(50),
    city            varchar(50),
```

```
        percent              float,
    primary key (aid)
);
/*===========================================================*/
/* Table: customers                                         */
/*===========================================================*/
create table customers
(
    city                varchar(50),
    cid                 char(4) not null,
    cname               varchar(30),
    discnt              float,
    primary key (cid)
);
/*===========================================================*/
/* Index: citiesx                                           */
/*===========================================================*/
create index citiesx on customers
(
    city
);
/*===========================================================*/
/* Table: orders                                            */
/*===========================================================*/
create table orders
(
    ordno               char(4) not null,
    pid                 char(3) not null,
    cid                 char(4) not null,
    aid                 char(3) not null,
    month               varchar(12),
    qty                 float,
    dollars             float,
    primary key (ordno)
);
/*===========================================================*/
/* Table: products                                          */
/*===========================================================*/
create table products
```

```
(
    city                    varchar(50),
    pid                     char(3) not null,
    pname                   varchar(50),
    quantity                bigint,
    price                   float,
    primary key (pid)
);
alter table orders add constraint FK_ord_age foreign key (aid)
    references agents (aid) on delete restrict on update restrict;
alter table orders add constraint FK_ord_cus foreign key (cid)
    references customers (cid) on delete restrict on update restrict;
alter table orders add constraint FK_ord_pro foreign key (pid)
    references products (pid) on delete restrict on update restrict;
delimiter $$
create procedure proc_Qcustomer (
IN in_cid char(4),
OUT out_cname varchar(30),
OUT out_city varchar(50),
OUT out_discnt float)
begin
SELECT cname, city, discnt into out_cname, out_city, out_discnt
FROM customers WHERE cid = in_cid;
end$$
delimiter ;
```

习 题

针对数据库 library(表结构和内容见附录)进行下面的实验。

1. 创建概念数据模型。

2. 由概念数据模型生成逻辑数据模型。

3. 由逻辑数据模型生成物理数据模型。

4. 由物理数据模型生成数据库。

实验13
Java通过JDBC连接数据库 ⊶⊶⊶⊶⊶⊶⊶⊶⊶⊶⊶⊶⊶⊶⊶⊶⊶⊶⊶⊶⊶⊶⊶⊶⊶⊶⊶ ○

JDBC(Java DataBase Connectivity,Java数据库连接)是一种用于执行SQL语句的Java API,由一组用Java语言编写的类和接口组成。JDBC提供了一种基准,可以为多种关系数据库提供统一访问,数据库开发人员利用这个接口能够高效简单地编写数据库应用程序。

【实验目的】

1.掌握Java通过JDBC连接数据库的方法。

2.掌握编程实现数据库应用程序基本功能的方法。

【知识要点】

(1)Java语言

Java是一种可以撰写跨平台应用程序的面向对象的程序设计语言,是由Sun公司推出(现已被Oracle公司收购)。Java最初被称为Oak,是为消费类电子产品的嵌入式芯片而设计的。1995年更名为Java,并重新设计用于开发Internet应用程序。Java是一种简单的、面向对象的、分布式的、解释型的、健壮安全的、结构中立的、可移植的、性能优异、多线程的静态语言。现在Java语言被广泛应用,Java技术也在不断更新,对C++语言形成有力冲击。在全球云计算和移动互联网的产业环境下,Java更具备了显著优势和广阔前景。

(2)Eclipse

Eclipse是一个跨平台的自由集成开发环境(Integrated Development Environment,IDE),是一个框架和一组服务,用于通过插件构建开发环境。Eclipse最初主要用来实现Java语言开发,但通过安装不同的插件,Eclipse也可以支持不同的计算机语言,比如C++和Python等。Eclipse是一个开放源码的项目,并得到软件供应商联盟的支持。Eclipse项目继续被数百万开发人员使用。

【实验内容】

①下载并安装Eclipse。

②下载并配置MySQL连接驱动。

③在Windows10操作系统下,使用Eclipse实现一个包括查询、插入和删除等简单功能的应用程序。

【实验步骤】

说明:下面的实验是在Java环境和Eclipse环境已经安装并配置好的情况下进行的,Java环境和Eclipse环境的安装和配置请学生自行查阅相关资料完成。

(1)创建Java应用程序

启动Eclipse,创建Java项目命名为"ConnectDataBase",在项目中创建lib文件夹,方便后续引入MySQL连接驱动包。

(2)下载并安装MySQL驱动

①可以在MySQL网站下载MySQL连接驱动,具体下载网址见MySQL官网,下载第二个压缩包,如图13.1所示。

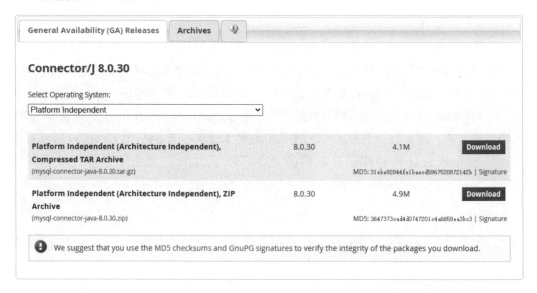

图13.1　MySQL连接驱动下载页面

②下载完成之后解压,找到里面的mysql-connector-java-8.0.30.jar文件,然后将此文件复制到Eclipse的ConnectDataBase项目的lib文件夹中。

③右击mysql-connector-java-8.0.30.jar,选择Build Path选项中的Add to Build Path添加驱动到path中。

（3）编程实现对数据库的操作

在创建的ConnetDataBase项目中编程实现一个能执行查询、插入和删除等简单数据库操作的程序。

①启动打开Eclipse，打开ConnectDataBase项目。右击src文件夹，在快捷菜单中依次选择"New"→"Package"，创建名为"jdbc"的包，如图13.2所示。

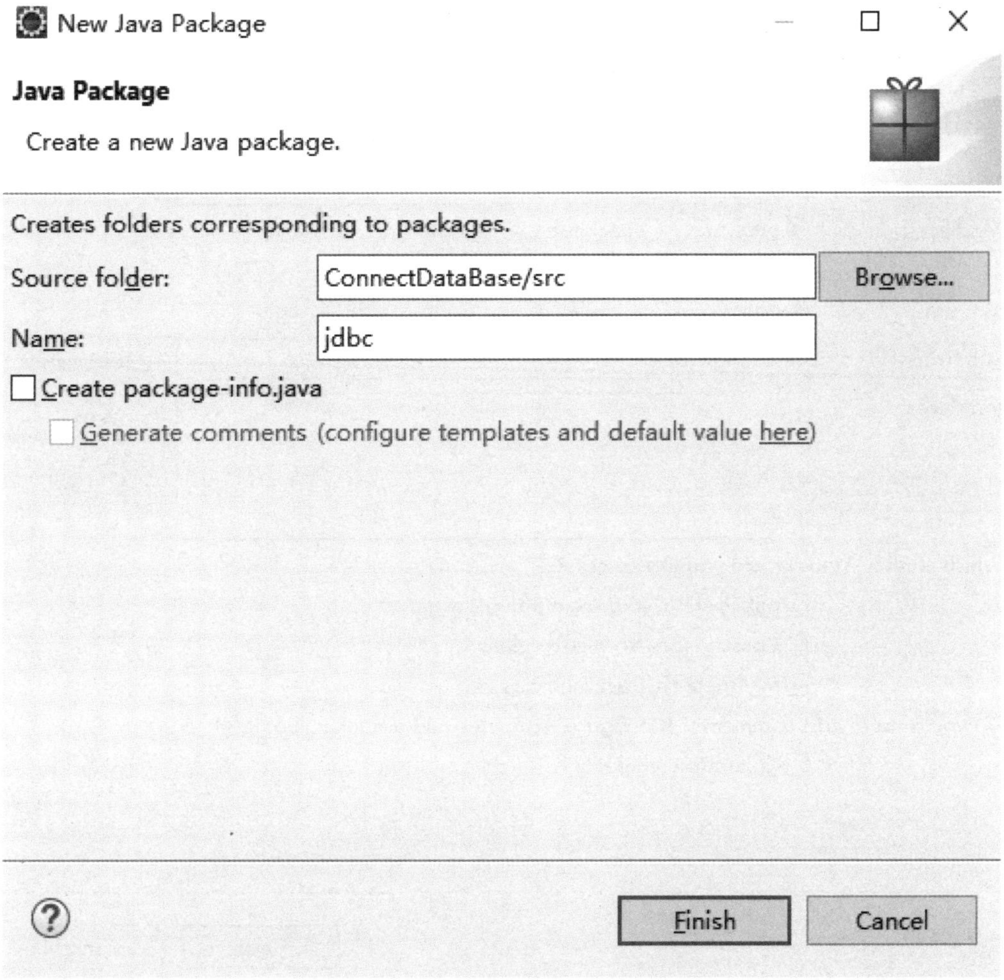

New Java Package — □ ×

Java Package

Create a new Java package.

Creates folders corresponding to packages.

Source folder: ConnectDataBase/src　Browse...

Name: jdbc

☐ Create package-info.java

　☐ Generate comments (configure templates and default value here)

? 　 Finish　Cancel

图13.2　"New Java Package"对话框

②右击jdbc包，在快捷菜单中选择"New"→"Class"，创建名为"JdbcConnection"的类，如图13.3所示。

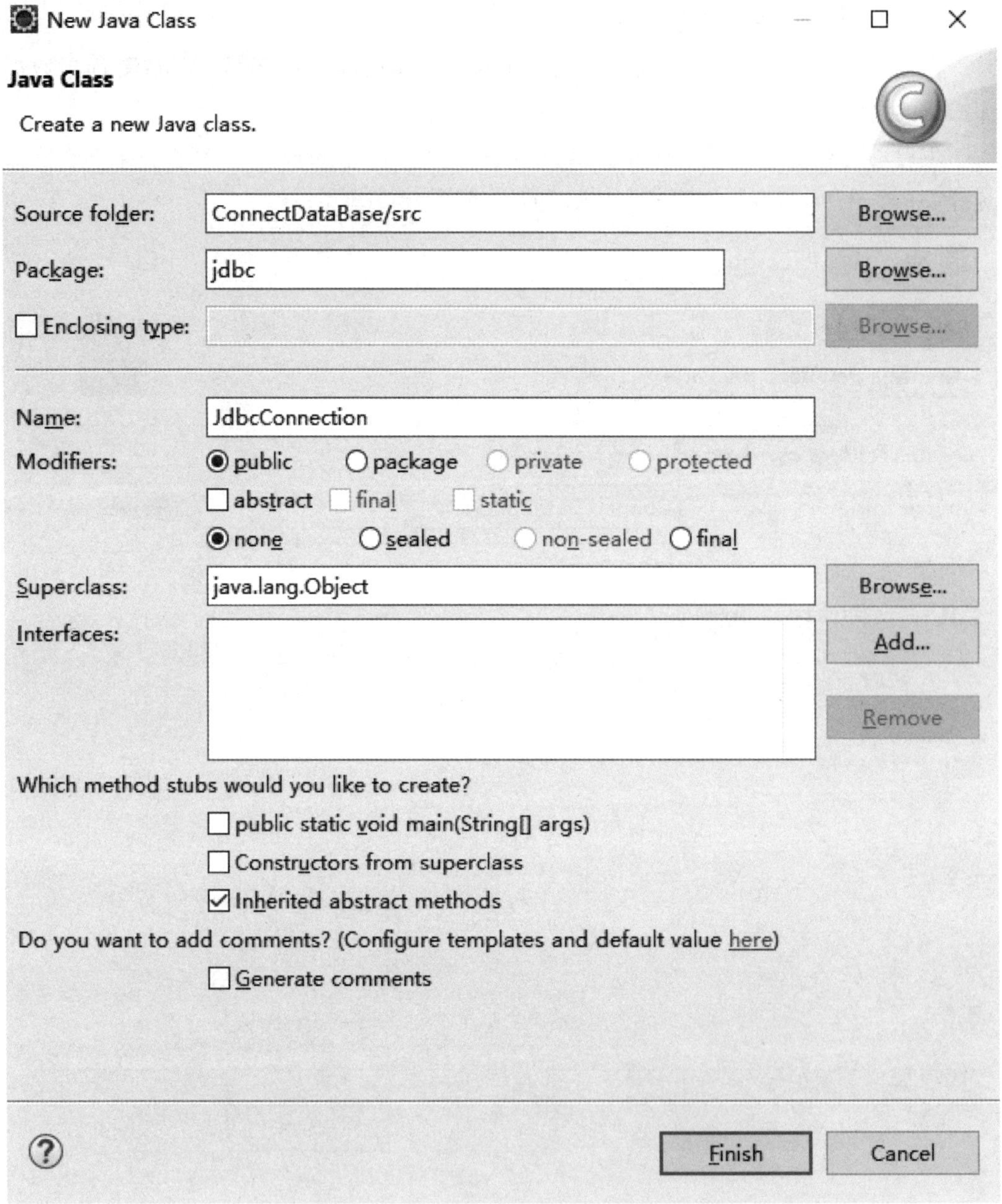

图13.3 "New Java Class"对话框

③查询操作:在代码框中输入如下代码,用于获取数据库连接及基本的查询数据表的操作,执行结果如图13.4所示。

```java
package jdbc;

import java.sql.Connection;
import java.sql.Driver;
```

```java
import java.sql.DriverManager;
import java.sql.PreparedStatement;
import java.sql.ResultSet;
import java.sql.SQLException;

public class JdbcConnection {

    public static void main(String[] args) {
        // TODO Auto-generated method stub
        Connection conn = null;
        try {
            //1.数据库连接地址
            String url = "jdbc:mysql://localhost:3306/sales";
            //user:登录数据库的用户名
            String user = "root"; //自己的账号
            //password:用户名对应的密码,这些都是自己之前设定的
            String password = "";
            //mySql 的驱动:com.mysql.jdbc.Driver
            String driverName = "com.mysql.jdbc.Driver";

            //2. 实例化 Driver
            Class clazz = Class.forName(driverName);
            Driver driver = (Driver) clazz.newInstance();

            //3. 通过 DriverManager 来注册驱动
            DriverManager.registerDriver(driver);
            //4. 通过 DriverManager 的 getConnection 方法,获取 Connection
            类的对象
            conn=DriverManager.getConnection(url,user,password);

            //获取 statement 对象
            String sql = "select * from agents";
            PreparedStatement preparedStatement =
            conn.prepareStatement(sql);
            //执行语句
            /**/
            ResultSet resultSet = preparedStatement. executeQuery
            (sql);
            //返回的数据存储在 result 中
```

```
                    while (resultSet.next()){
                        System.out.print("[");
                        System. out. print( resultSet. getString("aid") +
                        "\t");
                        System. out. print( resultSet. getString("aname") +
                        "\t");
                        System. out. print( resultSet. getString("city") +
                        "\t");
                        System. out. print( resultSet. getFloat("persent") +
                         "\t");
                        System.out.println("]");
                    }
                    if (resultSet != null){
                        resultSet.close();
                    }
                    if(preparedStatement != null){
                        preparedStatement.close();
                    }


                } catch (Exception e) {
                    // TODO Auto-generated catch block
                    e.printStackTrace();
                } finally {
                    try {
                        //当 conn 不为空时
                        if(conn != null)
                            //关闭 conn 资源
                            conn.close();
                    } catch (SQLException e) {
                        // TODO Auto-generated catch block
                        e.printStackTrace();
                    }
                }

            }

    }
```

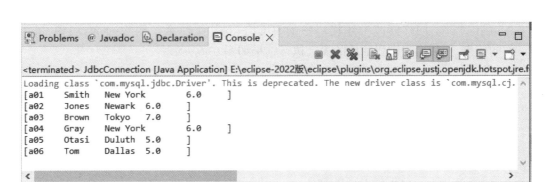

图13.4　代码执行结果显示框

④插入操作:修改上述代码中的SQL语句,如下所示。先向agents表中插入一条信息,然后再查询表。执行结果如图13.5所示。

```
//获取 statement 对象
String  sql1  =  "insert  into  agents  values('a08',
'test','chongqing',8)";
String sql2 = "select * from agents";

//执行插入语句
PreparedStatement preparedStatement =
conn.prepareStatement(sql1);
preparedStatement.executeUpdate(sql1);

//执行查询语句
/**/
preparedStatement = conn.prepareStatement(sql2);
ResultSet resultSet = preparedStatement.executeQuery
(sql2);
```

```
Problems  @ Javadoc  Declaration  Console ×
<terminated> JdbcConnection [Java Application] E:\eclipse-2022版\eclipse\plugins\org.eclipse.justj.openjdk.hotspot.jre.f
Loading class `com.mysql.jdbc.Driver`. This is deprecated. The new driver class is `com.mysql.cj.
[a01    Smith    New York      6.0        ]
[a02    Jones    Newark  6.0        ]
[a03    Brown    Tokyo    7.0        ]
[a04    Gray     New York      6.0        ]
[a05    Otasi    Duluth  5.0        ]
[a06    Tom      Dallas  5.0        ]
[a08    test     chongqing     8.0        ]
```

图13.5　插入操作结果显示框

⑤删除操作：同样修改上述代码中的SQL语句，如下所示。删除agents表中aid为"a08"的信息，然后再查询删除后的表。执行结果如图13.6所示。

```
//获取statement对象
String sql1 = "delete from agents where aid = '" +
"a08"+"'";
String sql2 = "select * from agents";

//执行删除语句
PreparedStatement preparedStatement =
conn.prepareStatement(sql1);
preparedStatement.executeUpdate(sql1);

//执行查询语句
/**/
preparedStatement = conn.prepareStatement(sql2);
ResultSet resultSet = preparedStatement.executeQuery
(sql2);
```

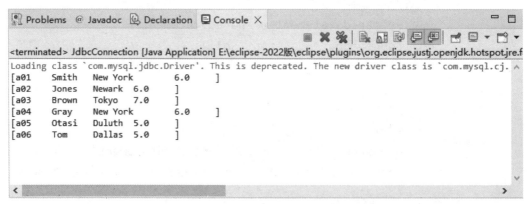

图13.6 删除操作结果显示框

习 题

针对数据库library，利用Java语言编程实现一个包括查询、插入和删除简单功能的程序。

附　录
实验和习题使用的数据库 ··○

1.实验使用的数据库

本书实验采用的数据库 sales 包含 4 个关系：customers、products、agents 和 orders，其结构如图 14.1—图 14.4 所示，其内容见表 14.1—表 14.4。

Column Name	Datatype	PK	NN	UQ	B	UN	ZF	AI	G	Default/Expression
cid	CHAR(4)	☑	☑	☐	☐	☐	☐	☐	☐	
cname	VARCHAR(30)	☐	☐	☐	☐	☐	☐	☐	☐	NULL
city	VARCHAR(50)	☐	☐	☐	☐	☐	☐	☐	☐	NULL
discnt	FLOAT	☐	☐	☐	☐	☐	☐	☐	☐	NULL

图14.1　customers的结构

Column Name	Datatype	PK	NN	UQ	B	UN	ZF	AI	G	Default/Expression
pid	CHAR(3)	☑	☑	☐	☐	☐	☐	☐	☐	
pname	VARCHAR(50)	☐	☐	☐	☐	☐	☐	☐	☐	NULL
city	VARCHAR(50)	☐	☐	☐	☐	☐	☐	☐	☐	NULL
quantity	BIGINT	☐	☐	☐	☐	☐	☐	☐	☐	NULL
price	FLOAT	☐	☐	☐	☐	☐	☐	☐	☐	NULL

图14.2　products的结构

Column Name	Datatype	PK	NN	UQ	B	UN	ZF	AI	G	Default/Expression
aid	CHAR(3)	☑	☑	☐	☐	☐	☐	☐	☐	
aname	VARCHAR(50)	☐	☐	☐	☐	☐	☐	☐	☐	NULL
city	VARCHAR(50)	☐	☐	☐	☐	☐	☐	☐	☐	NULL
percent	FLOAT	☐	☐	☐	☐	☐	☐	☐	☐	NULL

图14.3　agents的结构

Column Name	Datatype	PK	NN	UQ	B	UN	ZF	AI	G	Default/Expression
ordno	CHAR(4)	☑	☑	☐	☐	☐	☐	☐	☐	
month	VARCHAR(12)	☐	☐	☐	☐	☐	☐	☐	☐	NULL
cid	CHAR(4)	☐	☑	☐	☐	☐	☐	☐	☐	
aid	CHAR(3)	☐	☑	☐	☐	☐	☐	☐	☐	
pid	CHAR(3)	☐	☑	☐	☐	☐	☐	☐	☐	
qty	FLOAT	☐	☐	☐	☐	☐	☐	☐	☐	NULL
dollars	FLOAT	☐	☐	☐	☐	☐	☐	☐	☐	NULL

图14.4　orders的结构

表14.1　customers表的内容

cid	cname	city	discnt
c001	Tip Top	Duluth	10.00
c002	Basics	Dallas	12.00
c003	Allied	Dallas	8.00
c004	Acme	Duluth	8.00
c006	Bob	Tokyo	0.00

表14.2　products表的内容

pid	pname	city	quantity	price
p01	comb	Dallas	111400	0.50
p02	brush	Newark	203000	0.50
p03	razor	Duluth	150600	1.00
p04	pen	Duluth	125300	1.00
p05	pencil	Dallas	221400	1.00
p06	folder	Dallas	123100	2.00
p07	case	Newark	100500	1.00

表14.3　agents表的内容

aid	aname	city	percent
a01	Smith	New York	6
a02	Jones	Newark	6
a03	Brown	Tokyo	7
a04	Gray	New York	6
a05	Otasi	Duluth	5
a06	Tom	Dallas	5

表14.4　orders表的内容

ordno	month	cid	aid	pid	qty	dollars
1011	Jan	c001	a01	p01	1000	450.00
1012	Jan	c001	a01	p01	1000	450.00
1013	Jan	c002	a03	p03	1000	880.00
1017	Feb	c001	a06	p03	600	540.00

续表

ordno	month	cid	aid	pid	qty	dollars
1018	Feb	c001	a03	p04	600	540.00
1019	Feb	c001	a02	p02	400	180.00
1022	Mar	c001	a05	p06	400	720.00
1023	Mar	c001	a04	p05	500	450.00
1025	Apr	c001	a05	p07	800	720.00
1026	Mar	c002	a05	p03	800	704.00

2. 习题使用的数据库

本书习题采用的数据库 library 包含 3 个关系：图书关系 book、读者关系 reader 和借阅关系 borrow，其结构如图 14.5—图 14.7 所示，其内容见表 14.5—表 14.7。

图书关系 book 中，字段 bno 表示图书的编号，btitle 表示图书名，bauthor 表示图书的作者，bprice 表示图书的价格；

读者关系 reader 中，字段 rno 表示读者的编号，rname 表示读者姓名，rsex 表示读者性别，rage 表示读者年龄，reducation 表示读者学历；

借阅关系 borrow 中，borrnum 表示借阅编号，rno 表示借阅读者编号，bno 表示借阅图书编号，borrowdate 表示借阅日期，returndate 表示归还日期。

Column Name	Datatype	PK	NN	UQ	B	UN	ZF	AI	G	Default/Expression
bno	CHAR(10)	☑	☑	☐	☐	☐	☐	☐	☐	
btitle	VARCHAR(100)	☐	☐	☐	☐	☐	☐	☐	☐	NULL
bauthor	VARCHAR(50)	☐	☐	☐	☐	☐	☐	☐	☐	NULL
bprice	DECIMAL(5,2)	☐	☐	☐	☐	☐	☐	☐	☐	NULL

图14.5　book 的结构

Column Name	Datatype	PK	NN	UQ	B	UN	ZF	AI	G	Default/Expression
rno	CHAR(10)	☑	☑	☐	☐	☐	☐	☐	☐	
rname	VARCHAR(20)	☐	☐	☐	☐	☐	☐	☐	☐	NULL
rsex	CHAR(2)	☐	☐	☐	☐	☐	☐	☐	☐	NULL
rage	TINYINT	☐	☐	☐	☐	☐	☐	☐	☐	NULL
reducation	VARCHAR(10)	☐	☐	☐	☐	☐	☐	☐	☐	NULL

图14.6　reader 的结构

Column Name	Datatype	PK	NN	UQ	B	UN	ZF	AI	G	Default/Expression
borrnum	INT	☑	☑	☐	☐	☐	☐	☐	☐	
rno	CHAR(10)	☐	☐	☐	☐	☐	☐	☐	☐	NULL
bno	CHAR(10)	☐	☐	☐	☐	☐	☐	☐	☐	NULL
borrowdate	DATE	☐	☐	☐	☐	☐	☐	☐	☐	NULL
returndate	DATE	☐	☐	☐	☐	☐	☐	☐	☐	NULL

图14.7　borrow 的结构

表14.5　图书表book的内容

bno	btitle	bauthor	bprice
B01	数据结构	赵武	25
B02	计算机网络基础	孙和	40
B03	操作系统概论	林东	52
B04	C++程序设计	刘伟	43
B05	数据库基础	陈宏伟	39
B06	英语世界	王大海	24

表14.6　读者表reader的内容

rno	rname	rsex	rage	reducation
R01	王小明	男	24	研究生
R02	李伟	男	23	研究生
R03	范君	女	18	本科
R04	黄河	男	19	本科
R05	赵楠	女	20	本科
R06	林可	女	19	专科

表14.7　借阅表borrow的内容

borrnum	rno	bno	borrowdate	returndate
1	R01	B01	2015-3-9	2015-4-5
2	R01	B03	2015-4-11	2015-5-11
3	R02	B01	2014-12-20	2015-1-10
4	R03	B02	2014-11-25	2015-1-15
5	R03	B01	2015-6-12	2015-7-26
6	R04	B03	2015-5-8	2015-7-2
7	R04	B02	2015-6-5	2015-8-2
8	R05	B04	2015-7-20	
9	R06	B05	2015-8-1	

参考文献

［1］Patrick O'Neil, Elizabeth O'Neil. 数据库原理、编程与性能［M］.2 版.周傲英,俞荣华,等译.北京:机械工业出版社,2004.

［2］王珊,萨师煊.数据库系统概论［M］.4 版.北京:高等教育出版社,2006.

［3］施伯乐,丁宝康,汪卫.数据库系统教程［M］.3 版.北京:高等教育出版社,2008.

［4］柳玲,徐玲,王成良.数据库原理与设计实验及课程设计教程［M］.重庆:重庆大学出版社,2016.

［5］王成良,柳玲,徐玲.数据库技术及应用［M］.北京:清华大学出版社,2011.